漂亮寶貝在你家

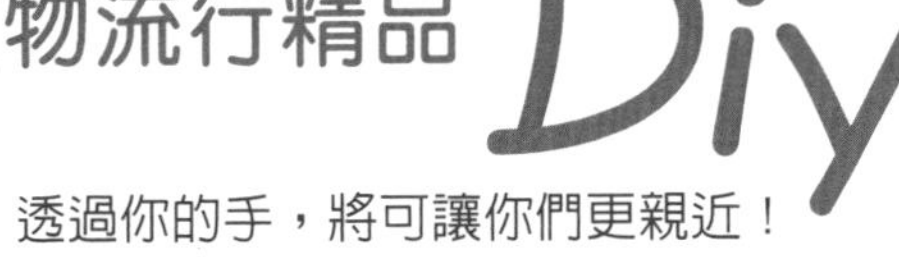

透過你的手，將可讓你們更親近！

Message...

為了家裡心愛的寵物，
請開始運轉裁縫機吧～

在早晨陽光中輕輕睜開雙眼，可愛的小傢伙隨即傾著頭，用牠圓滾滾的眼睛抬頭瞧我。
我家養的是白色毛髮的來福，好友養的是精明又愛裝矜持的喵喵。無論何時都陪伴在我身邊，成為忠實朋友的小狗小貓。
嗯～某些時候還比家人更令人感覺踏實。
和朋友們一起逛街時，為了在家裡乖乖等著我的來福什麼都願意買。而朋友所養的喵喵，因為貓咪討厭衣服，所以主要是買項鍊和飾品。
玩具、髮夾、糖果、餅乾、衣服等等，一樣一樣買了才發現為什麼需要的東西那麼多，而且都好漂亮……
突然看到我們家特愛玩具的頑皮鬼來福最愛的遊戲球！可是進口精品真的好貴喔。
想要爽快買下但是價格實在負擔不起，雖然可惜，但也只能下次再說了。
為了我們家什麼都想給牠的來福，如果動手做衣服和玩具給牠的話呢？
下定決心之後立刻上街！既要買布，又買拉鍊，還有鈕釦……為了我的來福，那段期間留心看到的衣服和玩具我都親手做出來了。
雖然最初的模樣並不完全如同我想要的，可是經常試做，即可做出想要款式的衣服和玩具。
而且我在動針線的時候，來福就好像知道什麼似地，在房間裡到處跳來跳去，然後呆呆地望著我，一臉「趕快做給我」的表情，十分快樂。

CONTENTS

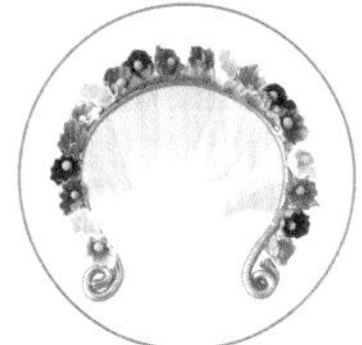

PART 5 LIVING GOODS 創意的生活小用品

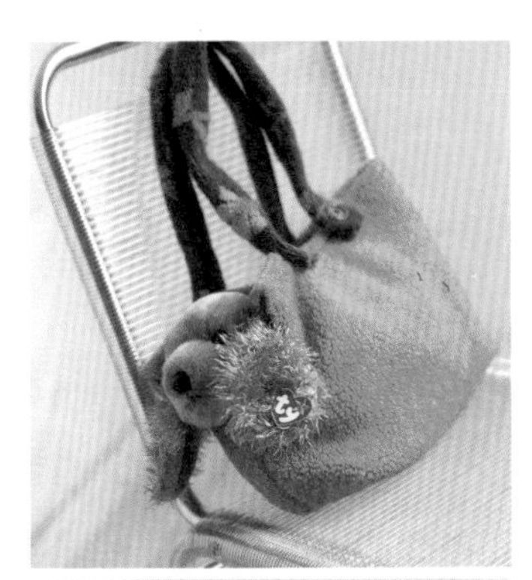

PART 6 FURNITURE 堅固的迷你傢俱

PART 7 SPECIAL ITEM 具有主題的衣服

看本書前 請先檢查一下！

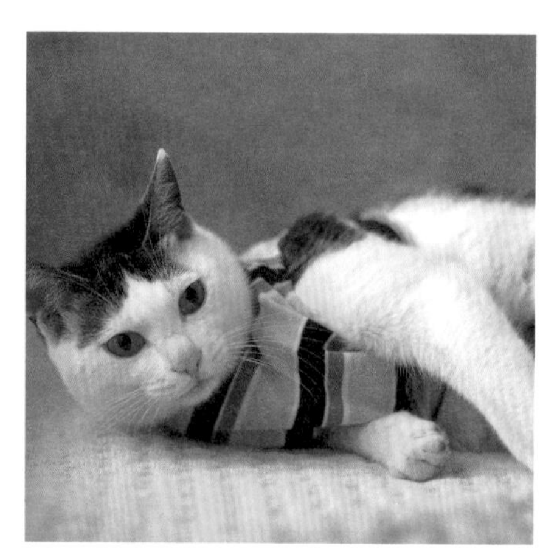

1. 每個項目都有放★以表示難易程度。
   例：★－製作非常容易，★★－不難，★★★－蠻多步驟，★★★★－頗為麻煩
2. 第38頁「一定要知道的針線和編織基礎」裡收錄製作方法所需的全部資料。
3. PART 1. EASY ITEM只選錄初次嘗試DIY的人也可以輕易學做的項目。
4. 衣服、迷你背包等的下方有標示「附有縮小的衣型」，即為實物大小的衣型將之縮小附錄於製作方法，同時標示有頁數以便易於翻找（實際大小衣型的做法參照14號衣型活用法）。
5. 書裡的衣服隨著品種會有些微差異，大部分的小型犬（體重12kg以下SS、S、M、L尺寸）和中等的貓（體重2.5～6kg左右SS、S、M尺寸）可以穿著。
6. 幼犬和小貓的衣服尺寸大致為S或SS尺寸較適合，沒有特別標記的話大概所有大小的狗和貓都可使用。
7. 做法的尺寸單位為cm，衣型因為只以骨線為基準畫出半邊，所以一定要將布對摺之後擱放著描繪並裁剪衣型。
8. 做法處若標示「不需留縫份」，即為描繪衣型之後依照完成線裁剪成衣型相同大小，不用留縫份。
9. 除了「不需留縫份」標示之外的其他項目一定要多留縫份，比衣型剪得稍大一些（參考第40頁縫份說明）。
   例：側線、肩線、底端線縫份：1.2～1.5cm，頸圍線、袖圍線、帽子、背包、玩具的所有曲線部分縫份：0.8～1cm
10. 縫份分縫處理時，針縫之後再熨過

的話，縫份固定而使衣服的樣子看起來平整（參照第40頁縫份）。

11.製作貓狗的衣服給牠穿時，要考慮活動性和毛的種類再做給牠。

例：以短毛的吉娃娃來說，外出服採用保溫較好的絨毛材質為佳。

12.製作狗和貓的飾品或者生活用品時，也要考慮毛長和身材。

例：長毛品種的話飾品會埋沒在長毛裡，因此要別上稍大的裝飾較為顯眼。身型較大的情況則用寬幅堅固的繩子來作散步繩。

13.製作生活用品時，隨著狗和貓各自的喜好不同，選擇寵物喜歡的素材較好。

例：如果喜歡柔軟毛茸茸的材質，那就做毛質的開放小屋給牠。

14.找出適合家裡的狗或貓的衣型

① 首先用軟尺測量狗或貓的胸圍、頸圍、背長（參照第39頁 1 量量狗和貓的尺寸）。

② 檢視用軟尺量出的長度並與表對照，選出適合的尺寸（參照第39頁 2 狗和貓衣服的基本尺寸）。

15.衣型活用法

① 將附件實物縮小的衣型放大影印，可以活用為SS、S、M、L、XL的大小。

② 做出實物大小S尺寸的衣型：隨書附件的S尺寸的衣型放大影印為220%。

③ 做出實物大小SS尺寸的衣型：實物S尺寸的衣型縮小影印為75%。

④ 做出實物大小M尺寸的衣型：實物S尺寸的衣型放大影印為125%。

⑤ 做出實物大小L尺寸的衣型：實物S尺寸的衣型放大影印為150%。

⑥ 做出實物大小XL尺寸的衣型：實物S尺寸的衣型放大影印為175%。

PART 1 EASY ITEM

從改製的T恤以至各式各樣的飾品和玩具，即使是第一次
嘗試DIY的初級者也能輕易製作的簡單作品集。

One-Piece 天藍色燈芯絨連身洋裝 ★★

無袖且裙擺有皺摺，是十分可愛的燈芯絨素材連身裙。在涼爽的天氣外出時來穿也很適合。
優點是使用按扣方式因此易於著裝，若於穿著時再戴上漂亮的髮飾，即可洋溢女孩子氣和可愛的氣氛。
（做法於43頁）

Casual T-shirt 改裝的休閒恤衫 ★

主人穿過的恤衫改裝也能做成無袖T恤，只要測量幾項尺寸，哪種大小都能輕鬆做出。同樣的恤衫準備兩件，一件做成狗狗或貓咪的衣服，即可和主人穿著同樣的情侶裝。（做法於43頁）

Mini Scarf 縮寫署名的領巾 ★

用有趣味印花的柔軟棉布做成小小的領巾，可愛地裝點狗狗和貓咪吧。重點是在邊邊繡上名字或縮寫作為裝飾。（做法於43頁）

Collar & Lead 1 織帶項圈 & 繩索 ★★

將漂亮紋路的球鞋帶子圍繞車縫在顏色鮮明的織帶項圈上作為裝飾，是適合於身軀較大或者活潑好動寵物的創意小用品。頸扣部分附有連結環，因此可以很容易擺脫繩索。

（做法於44頁）

Collar & Lead 2 尼龍項圈 & 繩索 ★★

將好幾種顏色的尼龍繩子合湊在一起做成的項圈和繩索，只要將尼龍繩子剪成適當長度，並在連結環處綑綁接合好即可輕鬆完成。做給體型較小的狗或貓的話是很合適的項目。

（做法於44頁）

Necklace 絨面皮繩項鍊

因為絨面皮繩做成的項鍊屬於柔和細緻的素材，特性為易於變化處理。
加上小的主題裝飾，或者穿套幾種顏色的木珠和結飾，
試著做出各式各樣感覺的項鍊吧。

Necklace 1

木珠裝飾的項鍊 ★★

將繪有小花圖案的木珠和皮質穗子裝飾穿套在天藍色絨面皮繩上即完成的項鍊，是任何人都可輕易做出的飾品。（做法於44頁）

Necklace 2

花朵裝飾的項鍊 ★

在柔和的粉紅色絨面皮繩上裝釘小花和珠狀飾物而做成的女性化項鍊，特點為長度可以自由調整。

（做法於44頁）

Ball Toy 玩具球 ★

將孩子們在玩的又小又輕的橡皮球，接上有伸縮性的橡皮繩，
做成有趣的玩具看看吧。橡皮繩有握把，因此在戶外或室內玩都適合，
且因為有彈性，可以誘導小狗往各個方向跑跳玩耍，
培養牠的敏捷性。

（做法於45頁）

Feather Toy 羽毛釣魚竿 ★

只要有貓咪最愛的玩具羽毛釣魚竿，可以興致勃勃玩上一整天。
讓貓咪跳來跳去同時前腳可以抓握，到處晃動來培養身體的柔軟性和敏捷性吧。
(做法於45頁)

Fabric Toy For Cat 布藝玩具老鼠 ★★

在腹內填放棉花或者襯墊球的老鼠模樣玩具，
是貓咪喜愛的玩具之一。 若在鼠尾巴裝上鈴鐺而
發出聲音，對於聽覺發展和興趣啓發很有幫助。
(做法於45頁)

PART 2 WEAR

從在室內穿著的遊戲服，到下雨天穿著的雨衣，試做各種用途和設計的衣服看看吧。

Half Sleeve T-Shirt 短袖星星紋T恤 ★★★

小小的恤衫上印有鮮明的星星圖案，十分可愛精巧。因為是棉質的，所以也很好清洗，掉落的毛也比較不會到處亂飛。室內用遊戲服，又或散步用外出服，可以多樣變化穿著，而且材質輕薄，對於短毛的品種更加適合。

（附有縮小的衣型，做法於46頁）

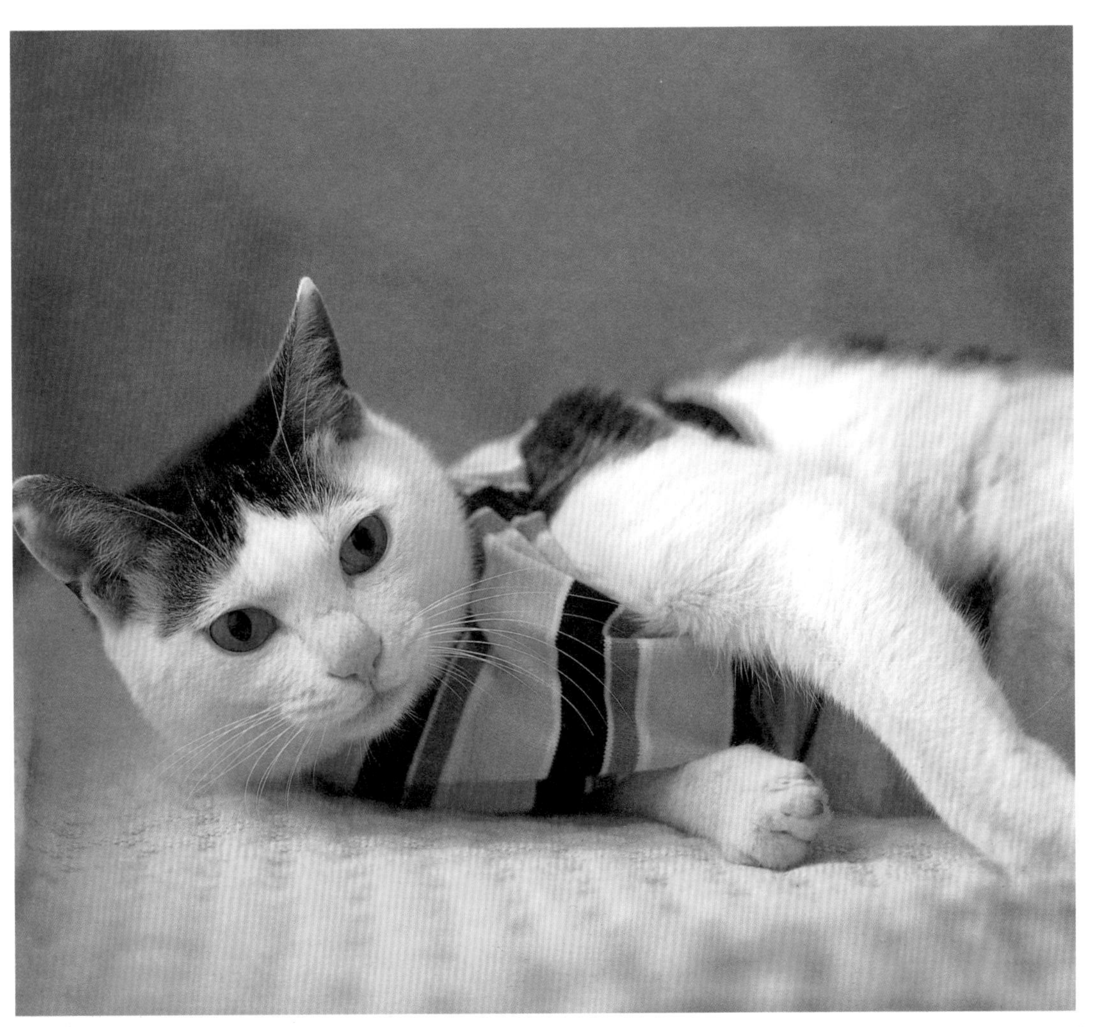

Sleeveless T-Shirt 無袖條紋T恤 ★★

沒有袖子所以四肢可以自由活動，
肩線處裝有按扣因此穿脫方便，
對於長毛或者活動量大的狗或貓都很適合。
（附有縮小的衣型，做法於46頁）

Rain Coat with Hood 連帽雨衣 ★★★★

適合下雨天外出時穿著的項目，所以選用亮眼的顏色來做最好。
用防水布來做以免身體淋溼而感冒，附有帽子所以雨水不會跑到耳朵裡去。
（附有縮小的衣型，做法於46頁）

One Piece Coat 卡其色連身外套 ★★★★

在寒冬外出時穿著是非常溫暖的項目，長毛品種和短毛品種都很合適。

（附有縮小的衣型，做法於47頁）

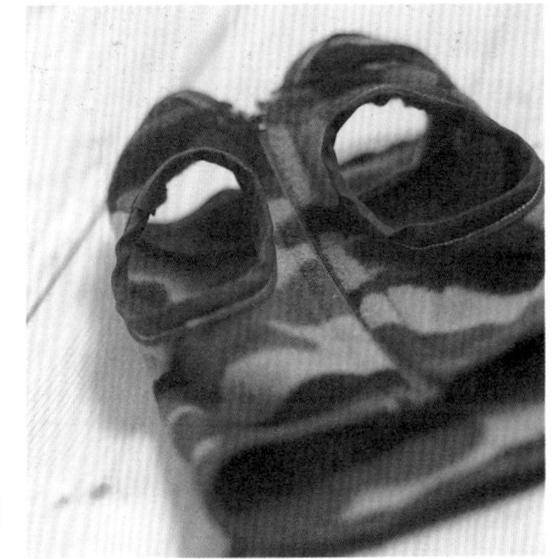

Military Vest 軍裝背心 ★★★

用保溫性十分突出的絨毛素材來做，因此適宜在嚴冬或者寒冷天氣穿著。

以輕便柔軟的材質做成的，對於幼小的狗和貓也極佳。

（附有縮小的衣型，做法於47頁）

PART 3 COOL ITEM

從可放置零食外出的迷你背包至攜帶式背袋，試著做出有品味又實用的外出時髦小用品吧。

Mini Back Pack 散步用迷你背包 ★★★

出去戶外散步時，簡單的零食和裝排泄物用的塑膠袋等都可一起收納的實用項目。用輕便的尼龍素材或是防水布料來做都可以。

（附有縮小的衣型，做法於48頁）

Stripe Sun Cap 條紋遮陽圓帽 ★★

有遮蔽陽光且防止刺眼的效果。

對於具有大垂耳的品種是極為適合的設計。

（做法於48頁）

Boomerang Toy 回飛棒玩具 ★

適於在戶外做拋擲遊戲的項目。內部填充棉花以利於叼啣來回，用閃亮的材質來做，掉在遠處也容易找到。

（做法於50頁）

Vandana 披巾 ★

對於不需要衣服的大型狗是很合適的項目，具有華麗的裝飾，因此特殊日子裡給牠圍在頸上極具品味。

（做法於50頁）

Carrier Bag 攜帶式側肩背包 ★★★

使用鬆軟輕柔而且保溫性高的素材，側邊部分有挖凹槽，可將狗狗的頭放在外面背著走，是很方便的設計。

（做法於51頁）

Smile Carrier Bag 攜帶式防水背包 ★★★

表面採用防水塑膠素材，即使下雨天裝載愛犬出門都很便利，裡面採用堅固的裡布強化內部結構。

（做法於51頁）

PART 4 ACCESSORY

從暖和的手織圍巾到小巧的心形髮夾，來個多樣飾品的個性展示吧。

Knit Muffler 手織圍巾 ★★★

重點在於展現品味的項目，
適合討厭穿衣服的狗或貓。
隨著頸圍的不同，圍巾的寬幅或長度要調整好，
末端加上毛球或者漂亮的珠珠、金屬鈴鐺都可。
（做法於52頁）

Name Tag Necklace

項鍊名牌 ★

將市區販賣的飾品改造一下，利用金屬鍊子之外的別種繩子來做也可以。
（做法於52頁）

Initial Beads Necklace

名字縮寫的珠珠項鍊 ★

將刻有字母的珠子穿過皮繩做成名牌的創意項鍊，好處是繩子的長度可以調整。
（做法於52頁）

Wedding Coronet 新娘花冠 ★★

洋溢婚禮氣氛且適於照相的項目，
搭配可愛的連身洋裝更加精緻可人。
越是長毛品種越是合適，而且花冠也很好戴。
（做法於53頁）

Candy Band 糖果髮夾

糖果外形的背面繫上小孩子用的細橡皮筋而成，將前額的毛向上抓起，纏繞幾次綁好就很可愛了。

Ribbon Band 緞飾髮夾

適於想要洋溢女性化的氣氛時，越是粉嫩色系越可人。抓一點兩邊耳朵上面的毛纏緊綁好即可。

Heart Band 心形髮夾

長度較短的細夾子穿上心形樣子的珠珠做成髮夾，別在長毛品種的頭髮上很漂亮。

Hair Accessory 糖果 & 緞飾 & 心形髮夾 ★

在糖果、緞飾等小小主體的背面加裝橡皮筋，或者將珠子穿過迷你夾子，即可做出各式各樣的髮夾。

（做法於53頁）

PART 5 LIVING GOODS

攜帶式飯碗、外出用項圈、迷你手織軟墊等，室內外都可方便使用的創意用品大集合。

Portable Food Dish 攜帶式飯碗 ★★★

去朋友家玩或者散步時利用機會很多的項目，製作兩個可以一邊放零食一邊放飼料，出門帶著很好用。

出外遠遊時，也可分開盛裝旅行期間要吃的飼料。

（做法於53頁）

Opened Dish

要吃飯時

餵飼料時將綁好的繩子鬆解開來，
把袋子的邊邊整理拉好，
立刻變身為有品味的飯碗。

Closed Dish

要保管飼料時

吃完飯後把繩子拉緊，
袋子束好之後，
因為綁得牢固不會鬆開，
所以飼料不會傾倒出來。

Ethnic Collar 項圈

用華麗刺繡的民族風緞帶，
裝飾在頸圍的帶子上，集中視線焦點。

Lead 繩索

在手握的長繩上，裝上色彩鮮豔的
木質珠子，使之不會太過簡樸。

Collar & Lead 散步用繩子 ★★

離開家裡出門散步時，為了狗和貓的安全，使用項圈是比較好的。
利用高級的刺繡緞帶和木珠，來試做搭配家裡貓狗的個性項圈吧。

（做法於54頁）

Quilting Mat 拼布墊子 ★★★

在房內玩遊戲時，還是吃飯或者睡覺時，
適於鋪用的項目，防止毛亂飛，
洗濯也很方便。
（做法於54頁）

Food Mat
吃飯用餐墊 ★

裁剪較厚的彩色墊襯製作，放在固定地方
來作吃飯訓練是很好的項目。
（做法於55頁）

Character Food Mat
骨頭形碗墊 ★★

使用塑膠表皮的布料，
即使弄髒也方便擦拭，
因此喝水或吃罐頭飼料時來鋪用很不錯。
（做法於55頁）

Knit Toy for Cat 老鼠形手鬻玩具 ★★★

貓咪最愛的老鼠模樣玩具，在裡面填充棉花，
所以咬著跑來跑去玩耍也沒關係。
在尾巴末端繫上鈴鐺使之發出聲音，
或者接上較長的繩子給牠玩釣魚竿遊戲也不錯。
黑色的鬍鬚和眼睛，然後加上長長的尾巴，
只要與老鼠的相似模樣為貓咪察覺得到的程度即可。
（做法於55頁）

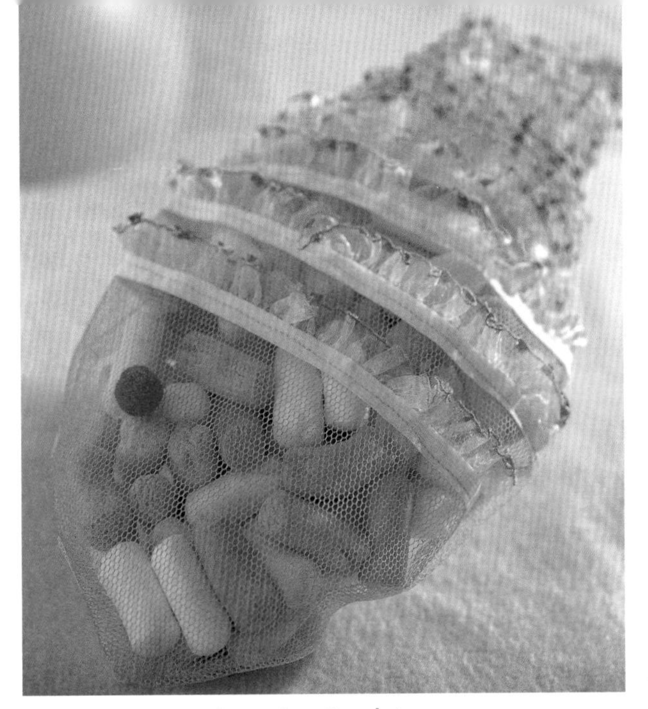

Catnip Cushion

貓薄荷魚形軟墊 ★★

放入保麗龍柱會沙沙作響，
尾端置入美味的貓薄荷使味道微微散發出來，
因而激起貓咪的興趣。（做法於56頁）

Knit Cushion for Baby

手織迷你靠墊 ★★★★

用花花綠綠的毛線做完整個連結之後，
因為裡面填入棉花而軟軟暖暖，
是最適合小狗小貓的項目。（做法於56頁）

Knit Toy for Dog

骨頭形手織玩具 ★★★

狗狗喜愛的骨頭樣手織玩具。
用厚毛線仔細編織之後，裡面填入棉花即完成。
放入會發出聲音的鈴鐺也很好。（做法於57頁）

Portable Mini Bag

道具收納袋 & 零食用布袋 ★★★

幫狗和貓美容的道具或是好吃的零食，
要收得乾淨俐落時必要的項目，
出門旅行時也可應用。（做法於57頁）

PART 6 FURNITURE

狗和貓喜愛的柔軟床蓆和墊子，以及堅固的迷你傢俱，來製作看看吧。

Kitty Bed 小貓的床 ★★★

如果收到禮物是竹子編成的水果籃子的話，可以試著再利用空籃子來做床。
因為床墊是採用棉質的床套，脫下來洗也很方便。水果籃因為不大，拿來做成小貓或幼犬的床很合適。
（做法於58頁）

Clothes Hanger

迷你衣架 ★

要在小衣櫥裡掛上衣服，
就來做必備的迷你衣架吧。
剪斷粗鐵絲，使之彎曲，
在短短時間內
即可做出數個衣架。
（做法於58頁）

Clothes Chest for Pet 小狗的衣櫥 ★★

如果狗和貓的漂亮衣服和小東西太多的話，就做個衣櫥吧。
做好層板和掛竿，在吊掛衣服收納的同時，帽子或包包、鞋子，
還有香水或髮夾、項圈等飾品也可一次收納。
（做法於58頁）

Ball Cushion 圓球形軟墊 ★★

喜歡跳上沙發或床後，將自己深埋在裡面的狗和貓最適合的項目，
大大的圓桶型表布裡面放滿圓球，可以變型成數種模樣。

（做法於59頁）

Fur Open Bed 開放式小床 ★★

在短毛的軟布裡填滿棉花，因此非常柔軟暖和。
是愛睡的貓咪最愛的項目，如果養了好幾隻貓的話，就做成足夠的大小吧。

（做法於59頁）

Tent Bed 帳幕式的床 ★★★★

具有華麗而貴族氣息的設計，在三角形狀的支架上使用帳幕狀布料為其特點。
睡覺時蓋上帳幕遮住裡面，
白天將帳幕往上收起可以通風。
除了訂做的支架以外，全部是布料素材，因此裝配和拆解都很方便。
（做法於60頁）

Doggy Towel Cushion

小狗毛巾軟墊 ★★★

用鬆軟的毛巾布做成表布，
裡面用棉花填滿，對於幼犬或小貓，
還是體型較小的狗和貓都很好。
（做法於61頁）

Paper House

紙箱做成的開放式小屋 ★

剪開紙箱，鋪上漂亮的布，即可簡單做成家。箱子的底面一定要鋪柔軟的布或坐墊，讓狗和貓可以舒服地躺著。
（做法於61頁）

PART 7 SPECIAL ITEM

小貓生日時，沐浴後穿的迷你浴袍、附有天使翅膀的衣服等，
做些特殊主題的衣服作為禮物吧。

Baby Angel 初生天使翅膀衣 ★★★

幼犬或小貓在三個月大以前穿是十分可愛的項目，重點是附有可愛的翅膀。
兩腳之間有穿通，所以走動方便，魔鬼氈式扣法也便於穿脫衣服。
（附有縮小的衣型，做法於62頁）

Front

天使衣的正面

前面中心線的接合部分
以黏貼魔鬼氈取代鈕扣，
穿上脫下都方便，
而在前腳之間打通以方便行動。

Back

天使衣的背面

後背中心線偏上方的部分附上翅膀，
幼犬或小貓穿上後坐著時，
翅膀不會向下垂。

Happy Birthday Crown 慶生王冠 ★

小貓和小狗滿100天了，就幫牠開個小小的生日派對吧。
製作小王冠時，冠圍的大小要比頭圍稍小一點，
為了容易戴到頭上，要將邊邊凹折較好。
（做法於62頁）

Happy Bath Set 沐浴用品套組

沐浴完以後，到毛乾之前，給牠穿上用毛巾布做成的長袍。
穿上迷你浴袍，身上的水氣被吸收而且保溫，不會得到感冒。
另外，也再做幾條小小迷你毛巾靈活應用吧。

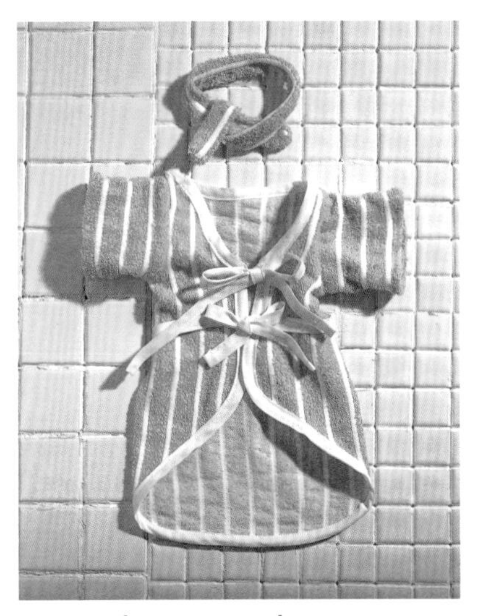

Baby Towel Gown

浴衣 ★★★★

前扣部分給予充足餘裕，
活動時前面不會脫開，
再用斜紋帶做成的繩帶幫牠綁好。
（附有縮小的衣型，做法於62頁）

Mini Towel

迷你毛巾 ★

平針繡縫做成小小迷你毛巾。
做好幾條迷你毛巾來幫牠擦眼淚或者
耳內濕氣等都很好用。
（做法於62頁）

Start now...

一定要知道的針線和編織基礎

從測量寵物尺寸，
到針線要領和基本編織、材料和道具、活用法～

好想幫我珍愛的狗和貓準備這樣一件漂亮設計的生活用品。
那時因為價格不夠合理或者尺寸不合而延宕購置的項目，
趁此機會直接動手做吧。
因為寵物專用的生活用品尺寸小巧而且構造簡單，
即便是對DIY沒有自信的人，
只要熟習基本材料和道具的使用法、
基本的編織法和針線要領，誰都可以輕鬆做好。

一定要知道的針線和編織基礎

為了在家裡幫親愛的狗和貓製作需要的衣服和用品，
先來熟悉一下必先知道的尺寸測量方法、衣型描繪方法及基本手工針織要領吧。

1 量量狗和貓的尺寸

為了做出完全符合狗和貓身體的衣服或飾品，我們需要身體各部位的身圍尺寸。若要量測正確的尺寸，將軟尺完全貼住身體不留餘裕來測量是很重要的。

量測尺寸的要領

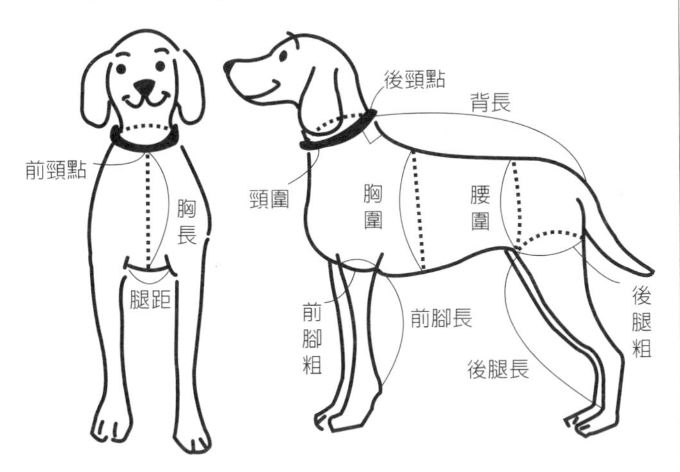

1 量尺寸時，讓狗和貓以朝前端正的姿勢站好之後，在想要測量部位的身圍將軟尺水平對準並包覆量測。

2 沒有軟尺時，將緞帶或細繩緊貼圍住想要測量尺寸的部位之後，用尺去量那個長度即可輕易知道了。

3 想要量測身體特定部位的長度或身圍時，要將軟尺以一直線對準相關部位的兩端支點之間來量測那個長度。

- 胸長：前頸點～前腳連於身軀根部內側的中間。
- 腿距：兩側前腳連於身軀根部的間隔。
- 頸圍：以水平方式測量頸圈尺寸。
- 背長：後頸點～尾巴起始點。
- 胸圍：身軀最粗部位的身圍。
- 腰圍：後腳之前的身軀最細瘦部位的身圍。
- 前腳長：身軀的前腳起始點～腳跟為止的長度。
- 後腿長：身軀的後腿起始點～腳腕為止的長度。
- 前腳粗：前腳連於身軀最粗部位的圈圍。
- 後腿粗：後腿連於身軀最粗部位的圈圍。
- 後頸點：頭頂下來在頸圍線的正中支點。
- 前頸點：臉蛋下來在頸圍線的正中支點。

2 狗和貓衣服的基本尺寸

衣服的基本尺寸隨著胸圍、頸圍、背長而可大略分為五種。為了親手做衣服給飼養的狗和貓而描繪衣型或選擇基準衣型時、挑選市面販售的現成衣服時，試著參考活用下表的尺寸吧（隨著品牌不同而有些微差異）。

Size	胸圍	頸圍	背長
SS尺寸	30cm（27～32cm）	20cm（17～22cm）	20cm（19～22cm）
S尺寸	36cm（33～38cm）	24cm（23～26cm）	24cm（23～26cm）
M尺寸	42cm（39～44cm）	28cm（27～30cm）	28cm（27～30cm）
L尺寸	48cm（45～50cm）	32cm（31～34cm）	32cm（31～34cm）
XL尺寸	54cm（51～56cm）	36cm（35～38cm）	36cm（35～38cm）

3 學習針線的基本工

想要手縫製作布織品時，先熟習必要的基本針線方法和摺邊處理方法，將更容易做出高完成度的作品。

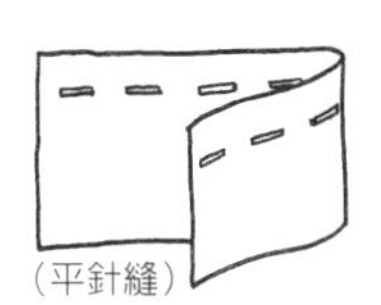
（平針縫）

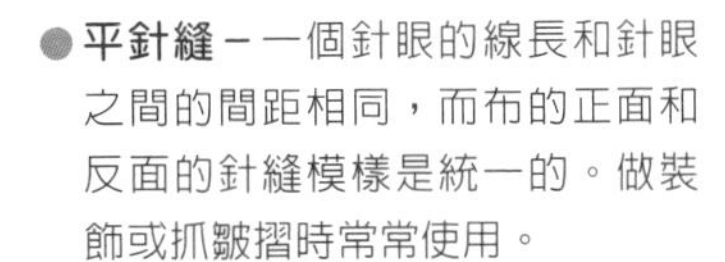

- **平針縫－**一個針眼的線長和針眼之間的間距相同，而布的正面和反面的針縫模樣是統一的。做裝飾或抓皺摺時常常使用。

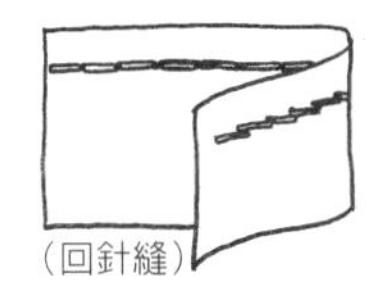
（回針縫）

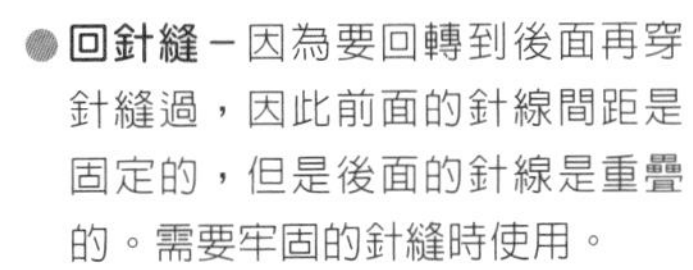

- **回針縫－**因為要回轉到後面再穿針縫過，因此前面的針線間距是固定的，但是後面的針線是重疊的。需要牢固的針縫時使用。

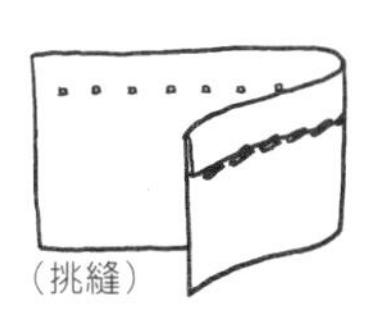
（挑縫）

- **挑縫－**縫份摺好之後，一點一點地將摺起部分和布的邊界穿針縫綴。固定摺邊時使用。

（假縫）

- **假縫－**在密實針縫之前，為了將布料固定在完成線的位置而縫。用稀稀疏疏的大針眼來縫的方法。

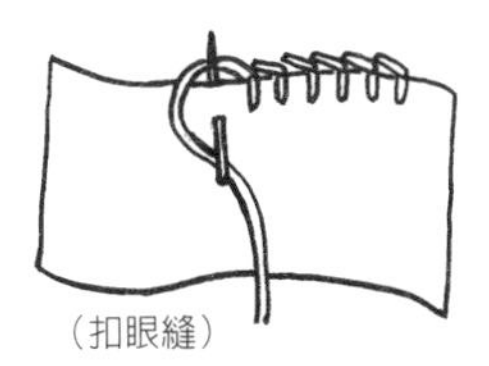
（扣眼縫）

- **扣眼縫－**在針插著的狀態之下，把線蓋在針尖之後拉出針來，打結似的針縫方法。多為鈕扣孔眼或者邊緣裝飾之用。

● **縫份**－意指裁剪衣料時，為了針縫而在完成線外的邊緣預留餘裕部分。直線的縫份約為1.2～1.5cm，曲線的縫份約為0.8～1cm。
● **分縫**－意指不要讓衣料縫過的摺邊重疊而變得太厚，因此要往兩側熨燙平整。
● **骨線**－意指將布摺成一半時的中心基準線，同時用虛線表示。

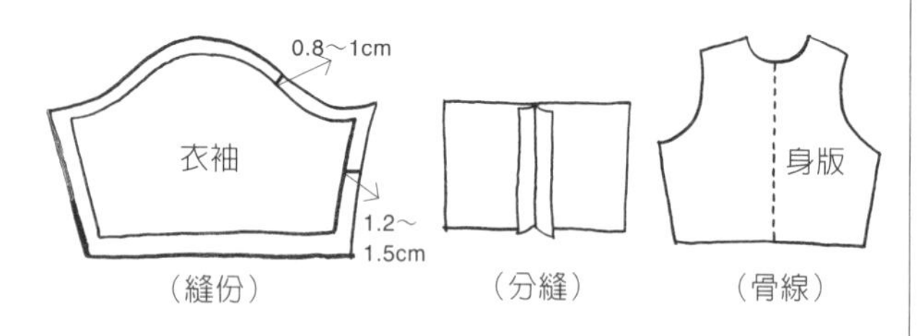

☆針線的基本道具
● **軟尺**－測量身體的尺寸時使用，正面是cm，反面是英吋。
● **線**－有各種顏色，結實平滑的聚酯線最常使用。
● **針**－號數愈大針愈細，棉質則多用6～8號針。
● **珠針**－在針縫之前，將剪好的布料對準、固定於完成線時使用。
● **剪刀**－使用讓布料不會散開而且能完好俐落地裁剪用剪刀。

4 學習編織的基本工

只要先熟習鉤針和棒針的幾種基本織法，只用毛線和鉤針還是棒針，即可做出各種有趣的項目。

☆鉤針的基本織法
● **鎖針**－首先打一個環結之後，把毛線鉤在針上再從環間拖出，如此反覆下去，作為基本鉤、基本段或者做繩子時使用。
● **短針**－每隔一個鎖針做出的鉤結，把針伸進下端鉤線拔出之後，從鉤在針上的二個鉤結間拖出毛線，此為欲做綿密編織時使用。
● **拉拔針**－插針在底端，拖出毛線，與掛在針上的鉤結一次拔出，是最常用的基本方法。
● **中長針**－以鎖針的二個鉤結為隔，將毛線蓋於針上再插入底端並拉出毛線之後，一次織三個鉤結，是最常使用的方法之一。
● **短針二針一起**－用短針減少鉤結時使用的方法，在底端拉出一個鉤結之後，前端再拉出一個鉤結，一次織二個鉤結。

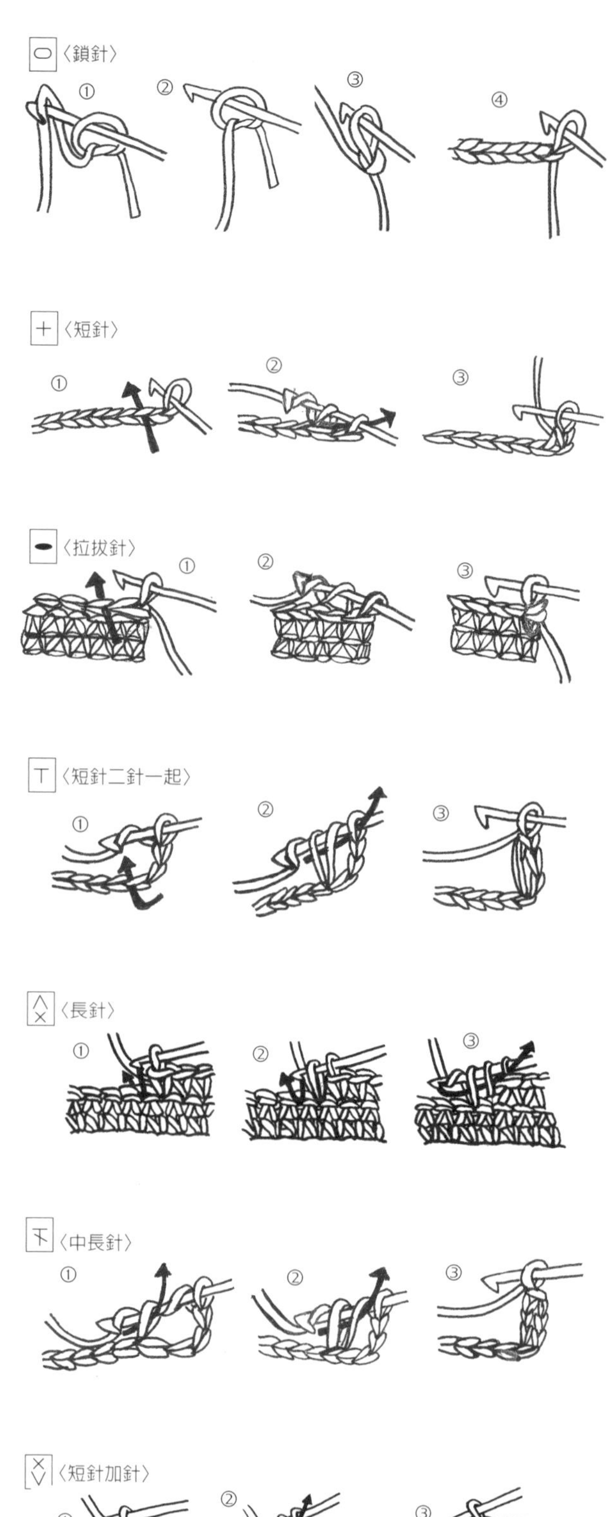

● **長針**－以鎖針的三個鉤結為隔，將毛線蓋於鉤針再插入底端並拉出毛線之後，先織二個鉤結，再織其餘的二個鉤結，是可以快速織出寬面積的方法。

● **短針加針**－此為用短針增加鉤結的方法，先織出底端的一個鉤結後，在相同鉤結處再織一個鉤結。

☆棒針的基本織法

● **製準面**－想要編織成希望的面積時，隨著毛線的粗細不同，需要的針數和段數各自不同，因此算出10×10cm的面積裡應有的橫條針數和豎條段數，然後依照想做的衣型面積比例去測算衣型需要的針數和段數的方法。

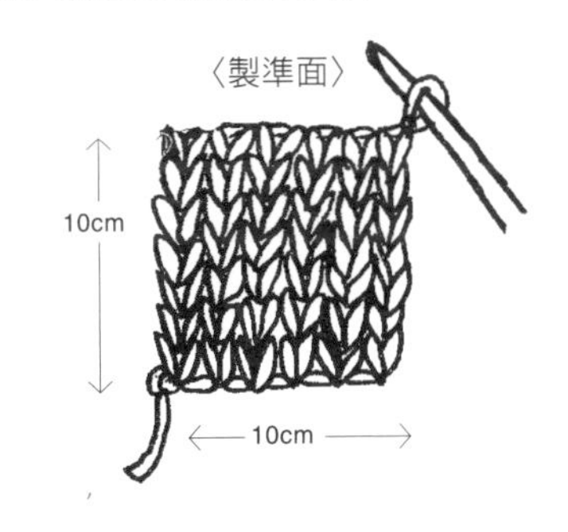

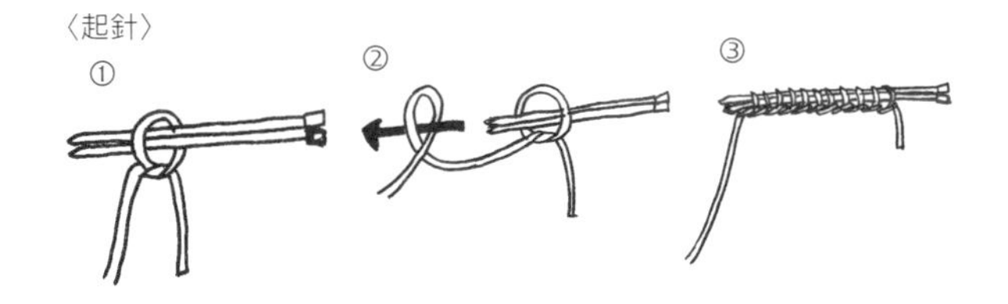

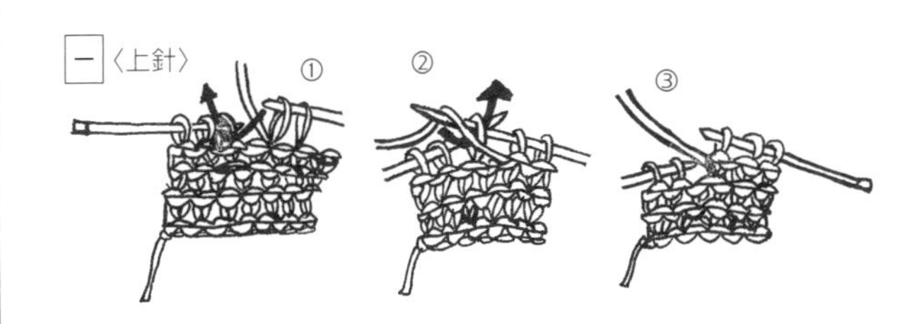

● **起針**－首先做出一個環結，將二根棒針夾置其中之後，把針並排抓緊，再繞編毛線而成。

● **下針**－從鉤結裡將棒針往外側插，蓋上毛線之後向內側拉出，會出現V字圖樣。

● **上針**－從鉤結外將棒針向內側插，蓋上毛線之後往外側拉出，會出現水紋圖案。

● **挑針**－連接編織段落或者主體時，將毛線穿夾到大針，像手縫似地綿密斜線穿織的方法。

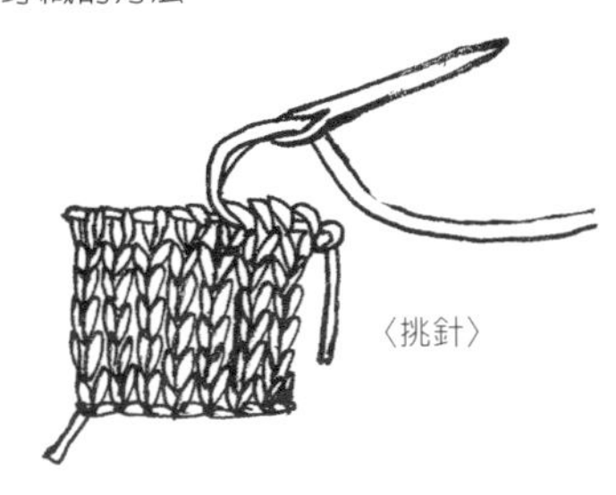

☆編織的基本道具

● **棒針**－針的mm數字越大針越粗，細線約用3～4mm，中間粗細的線約用4～5mm，粗線約用5～7mm。

● **鉤針**－用於毛紗的情況下，針的號數越大針越粗，5／0號左右即可用於各種粗細的線了。

● **大針**－編織鉤結的收尾或刺繡裝飾時，又或連接編織主體或者連接側線時使用。

● **剪刀**－主要是剪斷毛線時使用，文具用的剪刀也可使用。

● **毛線**－隨著粗細和材質不同而種類多樣，主要多是使用柔和的棉紗或細毛紗、中間粗細的毛紗、中間粗細的混紡紗等。

DIY所需的18樣材料

製作衣服以及飾品、生活小用品時，所需的各式材料使用時機和活用方法，先來了解一下吧。

1 掛環 & D環（或是O環）

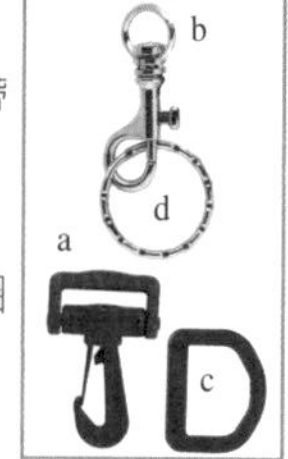

散步用繩索需要的掛環，包括可穿入寬幅織帶的鉤環（a），以及可穿過尼龍圓繩的鉤環（b）。將繩子穿過洞孔較寬的部分再釘好，或者綁緊接好。D環（c）或O環（d）穿過項圈要再接上裝有繩索的掛環才能使用。

2 包包用的帶環

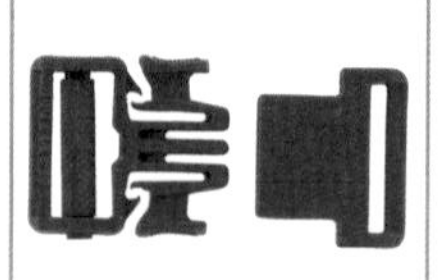

活用於迷你背包或者項圈的鉤環，在寬孔穿入寬幅的帶子或織帶再釘好使用。裝上可以解開的壓扣後，無論繫上或脫下包包都好用。

3 夾束扣（調節繩子用）

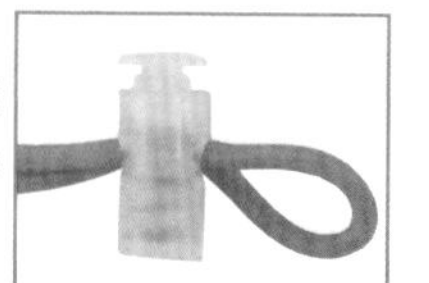

穿了橡皮筋繩或尼龍繩後，可用於調整繩子長度。裝在攜帶式飯碗或袋子的橡皮繩上，在收緊袋口部位時使用。

4 項鍊鉤環（臍狀環&蝌蚪環）

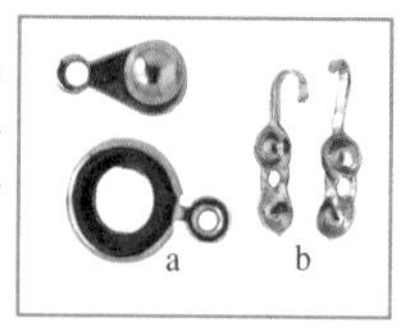

臍狀環（a）用於項鍊扣接部分，突出部分夾於洞中。蝌蚪環（b）是將繩子打結，置於圓半球形部分再扣上的零件，臍狀環的兩側洞孔穿上鉤環使用。臍狀環和2個蝌蚪環是為一組。

5 釘扣（鐵扣）

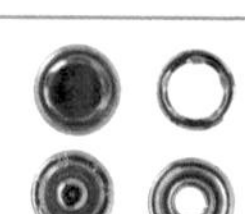

用於衣服扣接部位，將要裝扣子部位弄出小洞之後，在布的前後放上所需零件，使用器具將扣子直接嵌於布上。壓扣部分（a）和被扣部分（b）各由2個零件構成。

6 按扣（布扣）

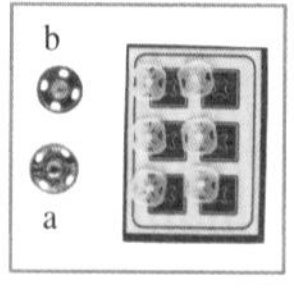

靈活運用於衣服扣接部位的扣子，壓扣部分（a）和被扣部分（b）2個為一組。扣子上的小洞用挑縫緊貼著布縫上。

7 粗鋼絲（鐵絲）

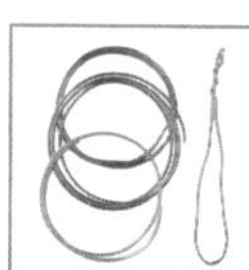

DIY專用的東西，有多種顏色。雖然粗厚，不過彎折好即可輕易做成各種樣子，再用鉗子剪斷就完成了。

8 斜紋帶（包覆布料的嵌帶）

用來繞在衣口或袖口、包包邊緣車縫，有助於收邊處理。將布夾在斜紋帶之間後，在邊緣以回針縫作邊界處理。

9 滾邊帶 & 補邊帶（有彈力的束邊處理用帶子）

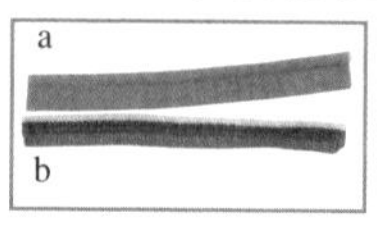

滾邊帶是在斜紋帶上裝釘韌帶，做成長管樣子，夾在布料之間，然後回針縫即完成。補邊帶（b）多用於訓練服底端，是有彈力的底端處理用帶子，以回針縫裝於衣服底端。

10 織帶

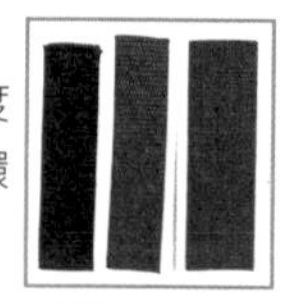

經常用於包包的帶子或腰帶的堅固材質，寬度和顏色多樣。穿過掛環或D環、包包用的帶環等，然後用回針縫釘緊。

11 織布用染料

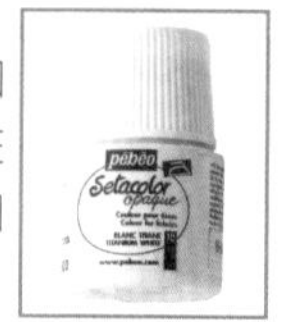

和一般染料一樣，用毛筆在布上繪圖，即可如實染色。畫圖時，為了防止染料浸透出來，在布的背面墊紙再畫。畫好之後，熨過一次，如此染料就不會脫落而完全附著。

12 魔鬼氈

多用於衣服或包包的接合處。氈帶由粗糙凸面和絲狀柔軟面兩兩成對使用。在氈帶邊緣用回針縫縫上。

13 彩球 & 保麗龍球

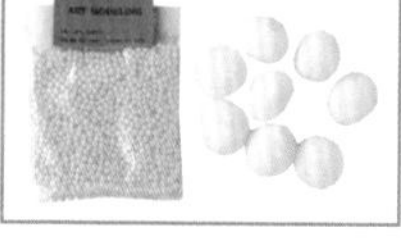

從珠狀大小到棒球大小，以各種半徑的保麗龍球，取代棉花放入玩具或軟墊中。

14 玩具眼珠

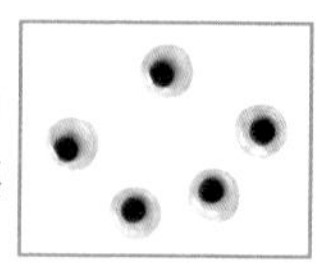

由塑膠做成的眼瞳是會動的立體眼睛，多用於人偶。在背面平坦部分塗上黏膠貼在想要的位置。

15 蕾絲緞帶

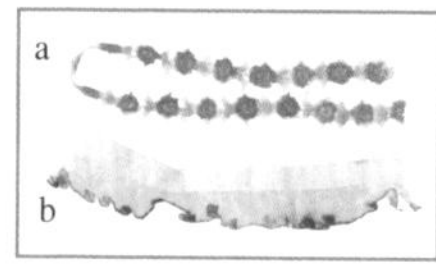

將物件接成長串的緞帶（a）和只有單邊裝飾的帶子（b）。緞帶可置於布上縫緊接合，若為單邊緞帶則對在布料底端或邊緣，將沒有裝飾的一側縫接。

16 筋繩 & 橡皮帶

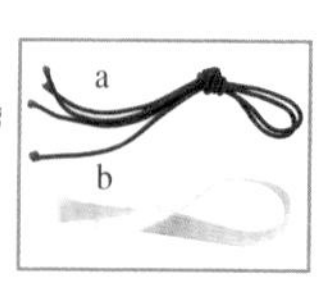

用在布上的筋繩（a），屬厚度較薄的橡皮繩，多活用於衣服或項鍊、包包等，橡皮帶（b）屬平整寬幅的橡皮繩，用於布上是應用在嵌入布料的用途。

17 絨皮繩

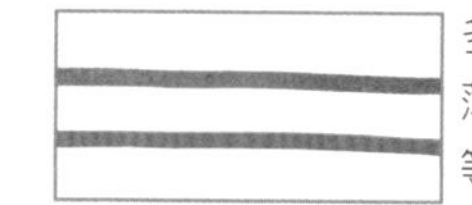

多用於項鍊或飾品裝飾的皮繩，因為輕薄柔軟，穿過珠子或者綁結、針縫固定等都很容易。

18 棉繩

穿過袋子使用或者繞在邊緣裝飾，又或用作玩具老鼠的尾巴等，具有多樣化活用的特性，而且有各種粗細。

PART 1 EASY ITEM

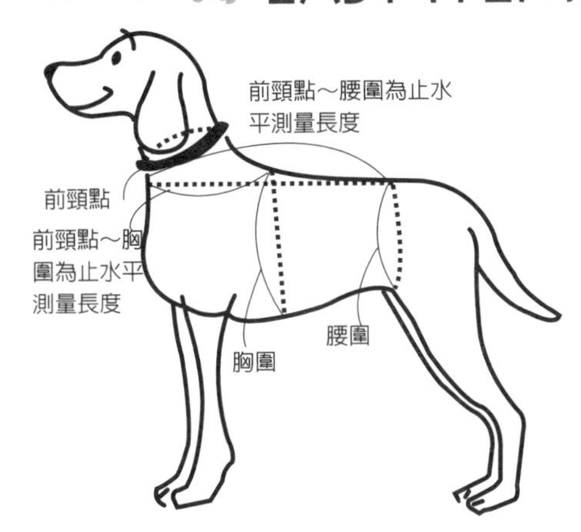

天藍色燈芯絨連身洋裝 ★★

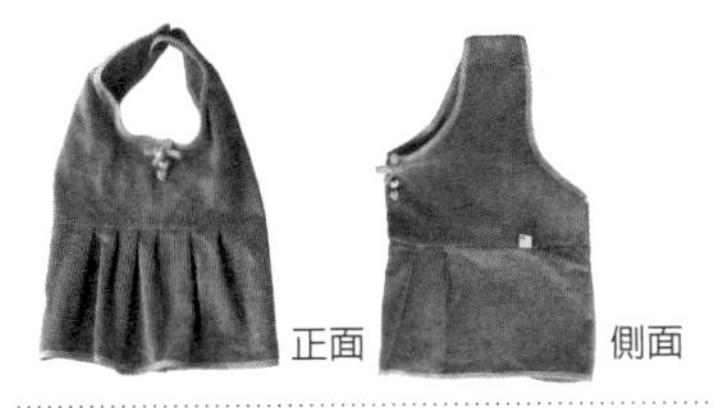
正面 側面

準備材料：天藍色燈芯絨布 1 碼，少許裝飾用的扣子，魔鬼氈，天藍色斜紋帶，線，針。

需要尺寸：頸圍，胸圍，前頸點到胸圍為止的水平測量長度，胸圍到腰圍為止的水平測量長度。

即使沒有另附衣型也能簡單做出狗或貓的衣服（不需留縫份）。

製作方法

1 首先測量狗或貓的尺寸，然後在燈芯絨布的內側面如圖畫出衣型，不留縫份剪成上身 1 張和裙子 1 張。
2 上身底端摺起，固定地抓出皺摺之後放在裙子上端，以回針縫將裙子縫上。
3 連身洋裝邊緣全部用斜紋帶包覆再車縫上去。
4 在前扣兩邊用回針縫貼縫魔鬼氈，裝上裝飾用扣子，即完成連身洋裝。

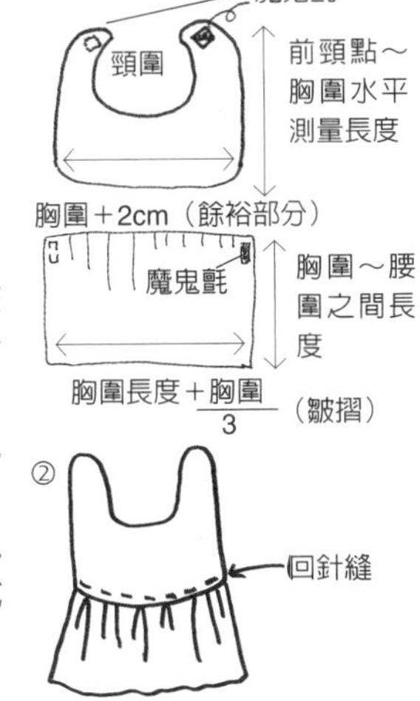

製作要點

因為要將連身洋裝的邊緣用斜紋帶包覆車縫，所以剪布時不用留縫份，而且將裙子接到上身時，先抓皺摺用珠針固定之後，回針縫會更容易。

改裝的休閒恤衫 ★

正面 背面

準備材料：短袖 T 恤（成人用），按扣，剪刀，和 T 恤同色的線，針。

需要尺寸：頸圍，前頸點到腰圍為止的水平測量長度，胸圍。

即使沒有另附衣型也能簡便地做出狗或貓的衣服。

製作方法

1 如圖將要改裝的 T 恤攤平放好，從頸線到身體畫出狗尺寸的衣型，然後剪出包含縫份的同樣大小前版 1 張和後版 1 張。
2 頸線、袖圍線、底端線之外的單側肩線和側線回針縫好。
3 在伸出前腳的袖圍部分摺邊摺好挑縫之後，T 恤底端也摺起用挑縫收邊。
4 為了穿脫方便，在左邊肩線裝上按扣，改裝 T 恤即完成。

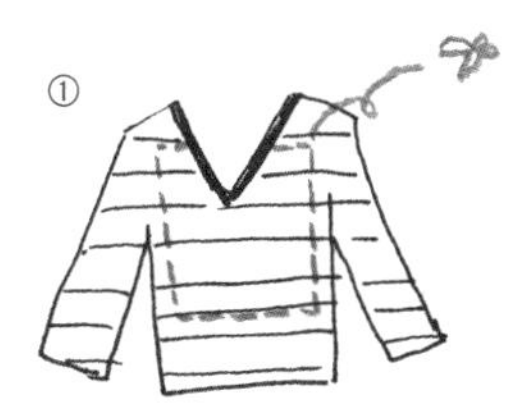

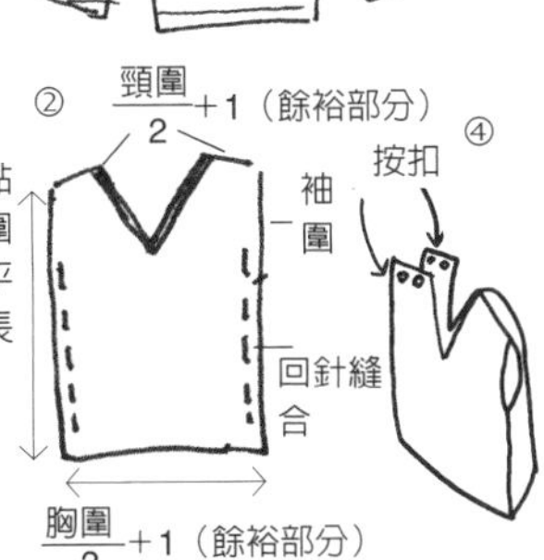

製作要點

平坦攤開的 T 恤用珠針固定之後，一次裁剪即可同時剪出同樣大小的前版和後版。再者，利用沒有紋路的 T 恤時，以織布用染料畫上圖案，則可做出個性恤衫。

縫寫署名的領巾 ★

準備材料：有圖紋的布1／2碼，粉紅色繡線，針，剪刀。

需要尺寸：橫30cm×直30cm（不需留縫份）

製作方法

1 首先將有可愛圖案的布剪成橫30cm、直30cm大小的正四方形。
2 如圖對摺之後，用繡線繡上貓的名字即完成披巾。

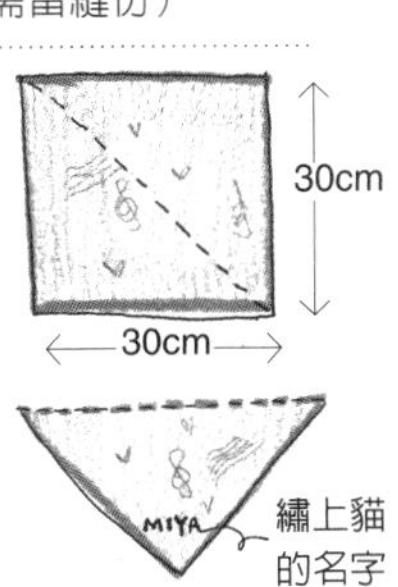

製作要點

貓或狗身軀較大時，為了符合個別的大小，以「頸圍＋15cm（餘裕部分）」為對角線長度剪成一個正四方形。剪披巾時不用留縫份。

織帶項圈 & 繩索 ★★

準備材料：有圖案的運動鞋鞋帶一條，織帶（青藍色），連接環扣組件，皮帶組件，剪刀，藍色線，針。

需要尺寸：頸圍長度，繩長151cm。

製作方法

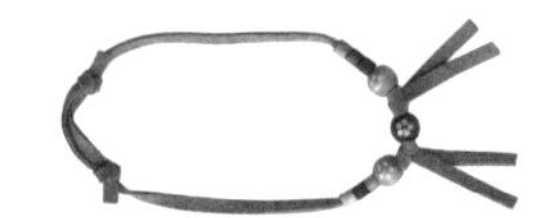

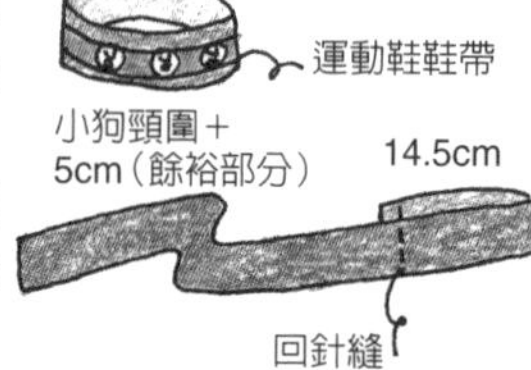

1 製作散步用繩索時，將要用的青藍色織帶剪為151cm的長度。
2 為了要做項圈，依狗狗頸圍＋5cm（餘裕部分）的長度裁剪青藍色織帶。
3 在項圈處用回針縫縫上運動鞋鞋帶作為裝飾之後，兩邊尾端穿上皮帶組件以回針縫縫好。
4 繩索的一端如圖摺下14.5cm的長度，回針縫做成把手，另外一側尾端穿上連接環扣組件再回針縫。

製作要點

做項圈時，要再多留餘裕（5cm）裝上連接環扣時，已有包含所需的縫份，如果是狗或貓身材較大的情況，使用能夠堅固支撐的寬幅織帶較為適合。

尼龍項圈 & 繩索 ★★

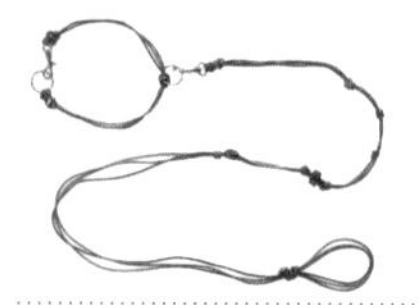

準備材料：圓狀尼龍繩，裝飾用的各種珠珠，連接環扣組件，剪刀。

需要尺寸：頸圍，繩長151cm。

製作方法

1 為了製作散步用繩索，以圓狀尼龍繩穿入裝飾用的珠珠並在各處打結裝飾，剪好151cm長度。
2 圓狀尼龍繩上打了各種的結作為裝飾之後，剪成狗狗頸圍＋5cm（餘裕部分）的長度以準備為項圈。

3 項圈用尼龍繩的兩側尾端穿上環扣組件綁好打結接上。
4 尼龍繩的一側尾端做成14.5cm長度的大環，打結作為把手，另外一側尾端穿上連接環扣組件亦打結綁好。

製作要點

因為打越多結，尼龍繩的長度會變得越短，所以要多留餘裕的長度來購買較好，而且太大的珠子會摩擦到狗或貓的身體，最好避免。

木珠裝飾的項鍊 ★★

準備材料：天藍色絨面皮繩，少許各種大小的木珠，剪刀。

需要尺寸：頸圍長度。

製作方法

1 依狗或貓的頸圍＋10cm（餘裕部分）為長度，來裁剪天藍色絨面皮繩。
2 將小顆繪有花朵圖案的各式木珠依序穿入絨面皮繩，將剪得短短的絨面皮繩綁在各處做成裝飾。
3 皮繩的兩側尾端互相綁起即完成項鍊。

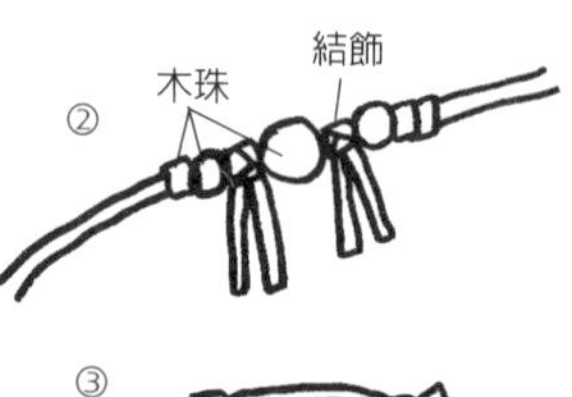

製作要點

想要裝上掛環做成項鍊扣接部分的情況時，在皮繩的兩側尾端穿上連接環扣，用回針縫連上即完成項鍊了。

花朵裝飾的項鍊 ★

準備材料：粉紅色絨面皮繩，裝飾用珠子，釣魚繩，剪刀，線，針。

需要尺寸：頸圍長度。

製作方法

1 將粉紅色絨面皮繩依狗或貓的頸圍＋10cm（餘裕部分）裁剪。
2 在粉紅色絨面皮繩的正中央，用透明的釣魚繩縫上珠狀裝飾。
3 將皮繩的兩側尾端互相綁起，即完成項鍊。

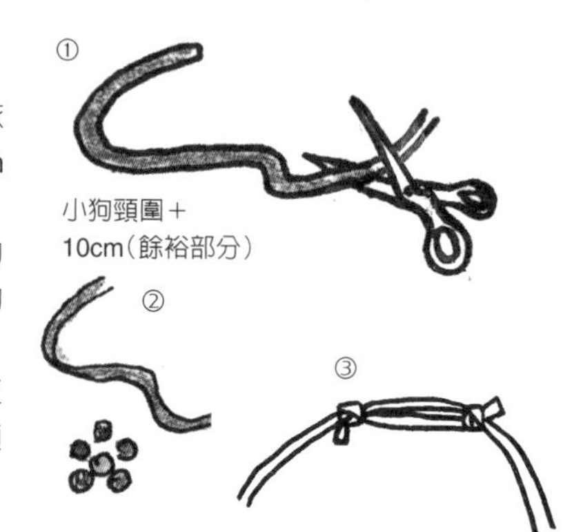

製作要點

想要將項鍊扣接部分做成扣結的情況時，把長度剪成頸圍＋10cm（餘裕部分）之後，一側尾端做出能夠掛上的結，另外一側尾端綁成小的圈套樣子做成環扣即可。

玩具球 ★

準備材料：玩具橡皮球（幼兒用），橡皮繩，快乾膠，染色用染料或馬克筆，剪刀。

需要尺寸：橡皮繩45cm。

製作方法

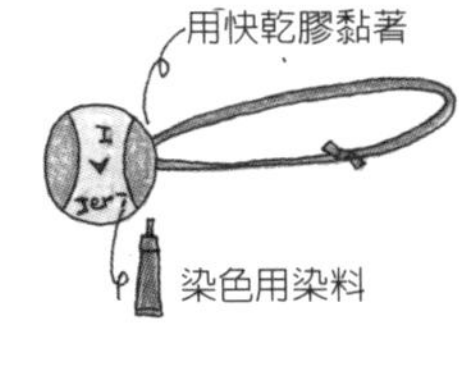

1 準備柔軟橡皮做成的球，即使小狗碰撞也不會損壞。
2 將橡皮繩剪成45cm的長度，一側尾端在球周圍纏成圓形之後，用快乾膠黏著在球上，另一側尾端部分綁成圓狀作為把手。在球面畫上文字或圖案作為裝飾，玩具即完成了。

製作要點

使用即便狗狗用力啣咬拉扯也不易斷掉的堅固橡皮繩為佳。也可利用網球來做，適於啣咬和遊戲。

羽毛釣魚竿 ★

準備材料：固定氣球用的竿子，細繩，鈴鐺，少許羽毛，線，針，快乾膠或黏膠，剪刀。

需要尺寸：釣魚繩33cm。

製作方法

1 準備釣魚繩，在一側尾端綁上鈴鐺和羽毛，整個繫在一起。

2 將繫上羽毛和鈴鐺的釣魚繩另外一側尾端，纏在固定氣球用的竿子末端，用快乾膠或黏膠固定使之不會鬆脫，釣魚竿即完成了。

製作要點

購買掛於末端鉤環的項鍊用羽毛裝飾的話，繫掛在細繩上較為容易。

布織玩具老鼠 ★★

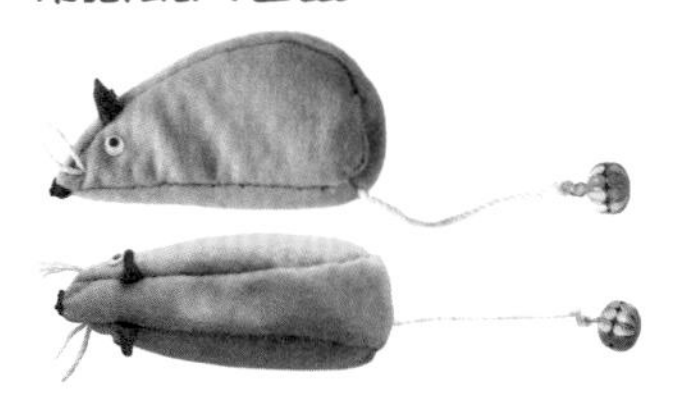

準備材料：１面灰色不織布，少許黑色不織布，少許棉繩，１個鈴鐺，塑膠眼睛，棉花或軟墊用的小泡泡球，黏膠，少許黑色毛線，大針。

需要尺寸：身版／6cm×a＋5cm，側面／10cm×5cm，耳朵／1cm×1.5cm，尾巴9cm。

製作方法

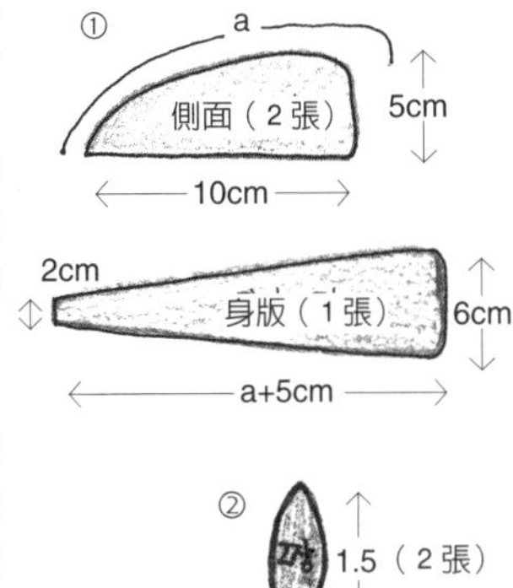

1 在灰色不織布上畫出如圖大小的樣版之後，包含縫份各別裁剪側面2張、身版1張。
2 在黑色不織布上如圖畫出小耳朵，剪成2張，在棉繩的末端繫上會發出聲音的鈴鐺，作為尾巴。
3 將灰色不織布剪成的側面２張和身版１張的邊緣對準表面相疊，除了填入棉花用的返口（6cm）以外，全部用回針縫縫起來做成身體。此時，將黑色不織布做的２個耳朵夾置在頭的上部兩側各一個，在後側夾置尾巴，回針縫好。

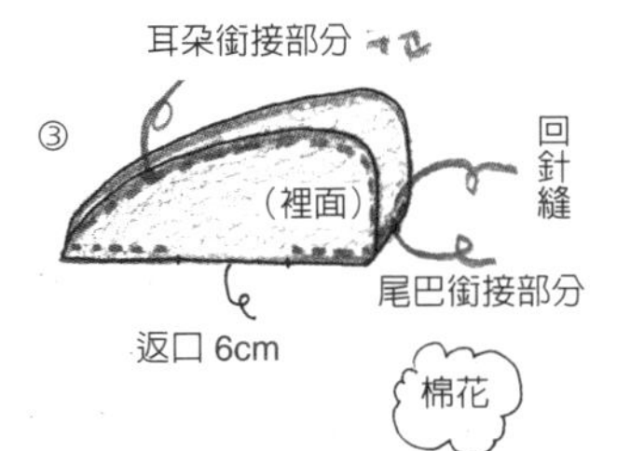

4 回針縫好的身體由返口反翻掏出，將耳朵、尾巴往外面露出來。
5 由返口填入棉花或小泡泡球之後，用挑縫封住返口。用黏膠貼上塑膠眼睛，並用大針和黑色毛線繡上鬍鬚和鼻子即完成。

製作要點

在身體夾置耳朵和尾巴用回針縫連接時，將耳朵和尾巴全部推到裡面再縫好，要將身體的表面弄出外面而從返口反翻掏出時，耳朵和尾巴也才會露出外面。

短袖星星紋T恤 ★★★

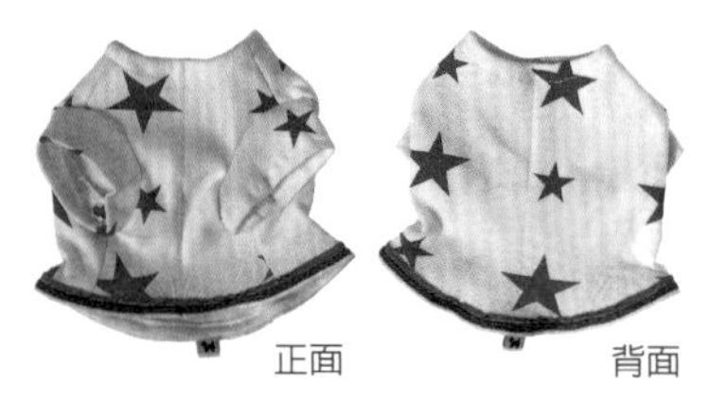
正面　　背面

準備材料：粉紅色星星圖案布料１碼，補邊帶，剪刀，粉紅色線，針。

需要尺寸：利用附件衣型製作。

將附件衣型放大影印為SS、S、M、L、XL尺寸來應用。

製作方法（衣型參照49頁）

1 將衣型放大影印至需要的尺寸之後，放在星星紋布料上，加上縫份剪出袖子2個和前後身版（參照49頁衣型）。

2 將前版和後版表面相對，然後回針縫合兩側線和肩線之後，將摺邊予以分縫處理。

3 將2片袖子的側線回針縫好，然後分縫處理摺邊，摺起底端摺邊仔細回針縫合。

4 在身版的袖圍配上完成的2片袖子接好。

5 頸圍部分摺好摺邊之後，仔細回針縫合。

6 沿著身版的下端對好補邊帶回針縫好。

⑤ 分縫（肩線） ③ 裡面 分縫（側線）

製作要點

在身版的袖圍接上袖子時，不要讓袖子的位置歪掉，使袖子的頂點和袖圍的頂點對齊，並且用珠針固定之後回針縫合（參照49頁衣型）。

無袖條紋T恤 ★★

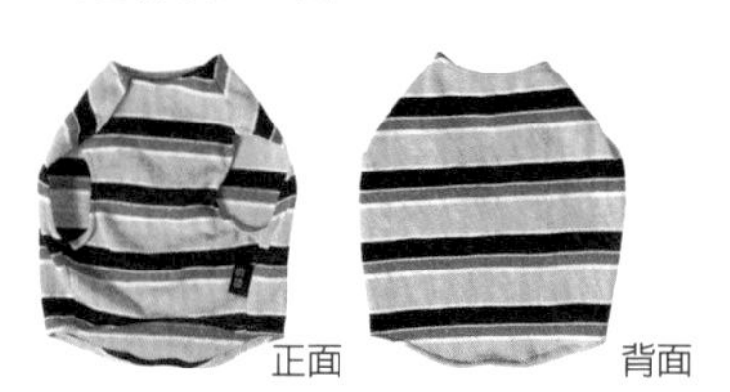
正面　　背面

準備材料：綠色條紋棉布，按扣，剪刀，草綠或淺綠色線，針。

需要尺寸：利用附件衣型製作。

將附件衣型放大影印為SS、S、M、L尺寸來應用。

製作方法（衣型參照49頁）

1 將衣型依需要尺寸放大影印之後，放在條紋布料上，包含縫份剪出前後身版。因為在肩膀部分要裝按扣，所以在左邊肩膀摺邊須留下餘裕，是故肩線摺邊約要多剪3cm左右（參照49頁衣型）。

2 前版和後版的兩邊側線和右邊肩線回針縫合之後，將摺邊予以分縫處理。

按扣（在內側扣眼縫） 裡面 正面

3 將身版兩側袖圍的摺邊摺起並回針縫合。

4 身版底端部分的摺邊摺好後回針縫合。

5 如圖在前版和後版的右邊肩膀摺邊部分，用扣眼縫裝上3個按扣即完成。

製作要點

裝上按扣時，在裝扣子的前版和後版肩膀摺邊部分，先標示位置之後縫接上去，則扣子的位置不會錯開。

連帽雨衣 ★★★★

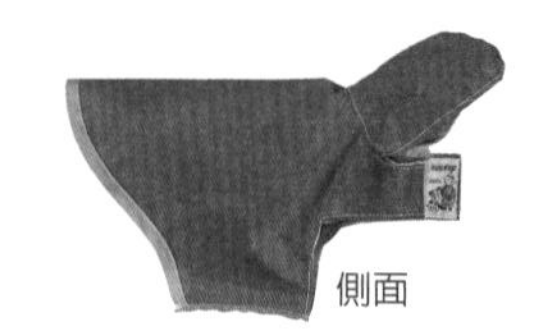
側面

準備材料：桃紅色防水布料１碼，綠色斜紋帶，少許魔鬼氈，可愛的裝飾用標籤，粉紅色線，針，剪刀。

需要尺寸：利用附件衣型製作。

將附件衣型放大影印為SS、S、M、L、XL尺寸來應用。

製作方法（衣型參照49頁）

1 將衣型放大影印至所需尺寸之後，放在桃紅色防水布料上，包含縫份剪出身版1張和兜式帽子左右2張總共3張（參照49頁衣型）。

2 用桃紅色防水布料剪成的2張兜帽的後中心線部分對齊重疊，回針縫好即完成兜式帽子。

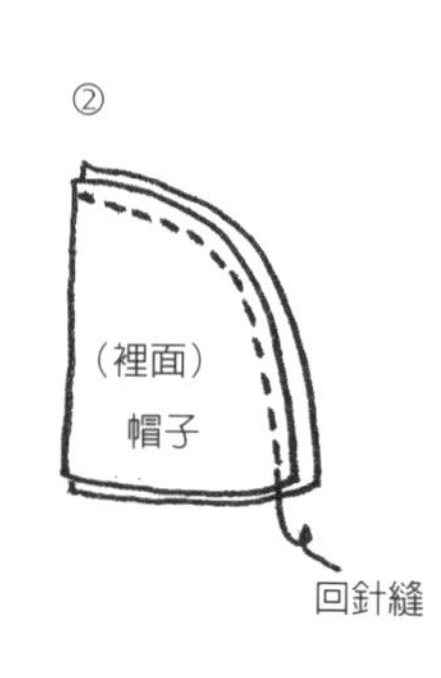

3 除了底端之外，身版的所有邊緣縫份和兜帽的邊緣縫份摺好之後回針縫合。

4 如圖在桃紅色防水布料的身版頸圍部分下面，將兜式帽子的表面對疊回針縫好。

5 將身版的摺邊剪短，在帽子和頸圍曲線部分的摺邊剪出牙口，反翻時會使曲線平順。

6 如圖在身版的頸下扣接部分和腹部扣接部分的兩側，放上魔鬼氈回針縫好。

7 在身版的底端部分圍上斜紋帶回針車縫。

8 在想要有可愛圖案的位置上，將裝飾用標籤回針縫上即完成。

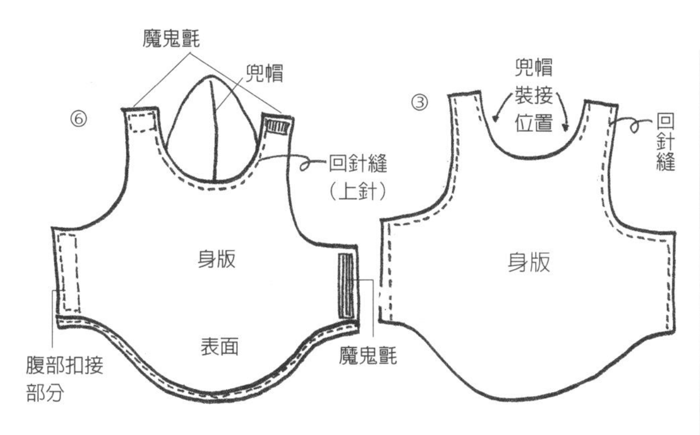

製作要點

連接兜帽和身版時，將兜帽平順地固定好，再細密地回針縫合。將魔鬼氈裝在扣接處時，注意疊合部分要對齊。

卡其色連身外套 ★★★★

側面

準備材料：卡其色粗呢布１碼，鐵扣，卡其色斜紋帶，剪刀，綠色線，針。

需要尺寸：利用附件衣型製作。

將附件衣型放大影印為SS、S、M、L、XL尺寸來應用。

製作方法（衣型參照49頁）

1 依所需尺寸放大影印衣型，放在厚重的卡其色粗呢布料上，剪下身版和腰帶、衣領部分（參照49頁衣型）。
2 除了頸圍部分以外，將衣領的邊緣部分用斜紋帶包住回針車縫。
3 將完成的衣領對準身版的頸圍，假縫固定使之不會移動。
4 用假縫固定衣領的身版頸圍部分和身版其餘邊緣部分，圍繞包覆斜紋帶再回針車縫。
5 參照鐵扣的裝釘方法，如圖堅固地鑲嵌2個於頸扣部分。
6 在腰帶的邊緣圍繞包覆斜紋帶之後，在中間做成可愛的帶飾別在腰帶中央。
7 在腰帶的兩側尾端部分鑲上大的按扣，高級的連身外套即完成。

製作要點

裝釘鐵扣時，為了不要傷及布料，正確標示位置弄出小洞之後，在地板鋪上厚雜誌並用力敲打釘上。帶飾如圖剪下，用纏綁帶飾的帶子繞覆中心回針縫好即完成。

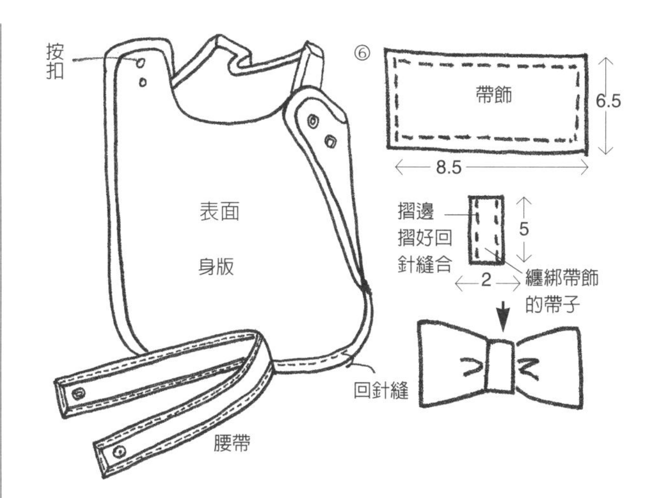

軍裝背心 ★★★

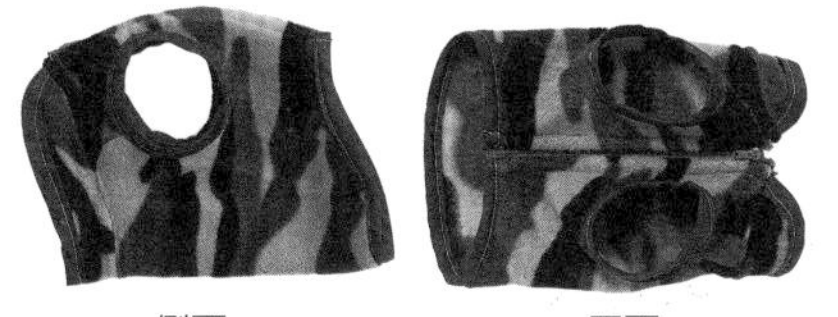

側面　　正面

準備材料：卡其色軍裝絨毛布料１碼，卡其色斜紋帶，卡其色拉鍊，剪刀，卡其色線，針。

需要尺寸：利用附件衣型製作。

將附件衣型放大影印為SS、S、M、L、XL尺寸來應用。

製作方法（衣型參照49頁）

1 依所需尺寸放大影印衣型並置於絨毛布料上，包含縫份剪下身版和衣領部分（參照49頁衣型）。
2 將兩側肩線依完成線對好回針縫合之後，以分縫處理摺邊。
3 將身版的頸圍線和衣領的頸圍線如圖對疊，包覆卡其色斜紋帶之後回針車縫。
4 如圖將袖圍、底端、衣領邊緣用卡其色斜紋帶圍繞包覆，再回針車縫。
5 將拉鍊置於前中心線回針縫好，則完成溫暖的軍裝絨毛背心。

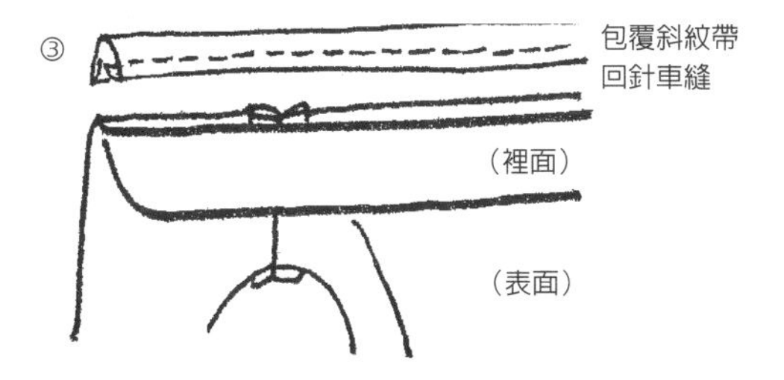

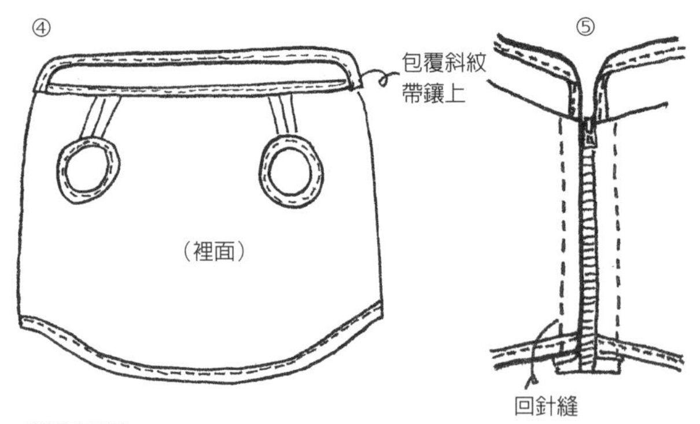

製作要點

為了將拉鍊能夠左右對稱地裝上，在前中心線將拉鍊對好假縫之後回針縫合較好。

PART 3 COOL ITEM

散步用迷你背包 ★★★

背面　　正面

準備材料：條紋牛仔布料1碼，卡其色斜紋帶，米黃色織帶1碼，包包用連結扣環2組，剪刀，針，青色線。

需要尺寸：利用附件衣型製作。

將附件衣型放大影印為SS、S、M、L、XL尺寸來應用。

製作方法（衣型參照63頁）

1 依所需尺寸放大影印衣型，包含縫份以條紋牛仔布料剪成包包本體和口袋、口袋蓋子部分共3張。（參照63頁衣型）

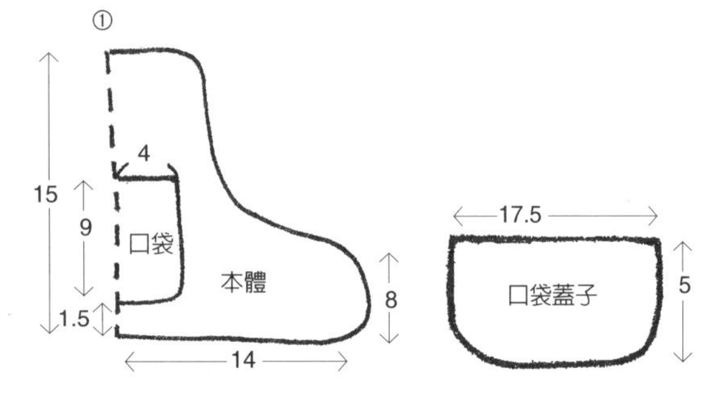

2 先將摺邊往內側摺好的口袋疊放在包包本體前版，並且回針縫上。

3 將口袋蓋子布料的邊緣摺邊摺好回針縫合。

4 在口袋蓋子下面兩側，將穿夾連結扣環的29.5cm長度之米黃色織帶夾置於左右，並回針縫上。

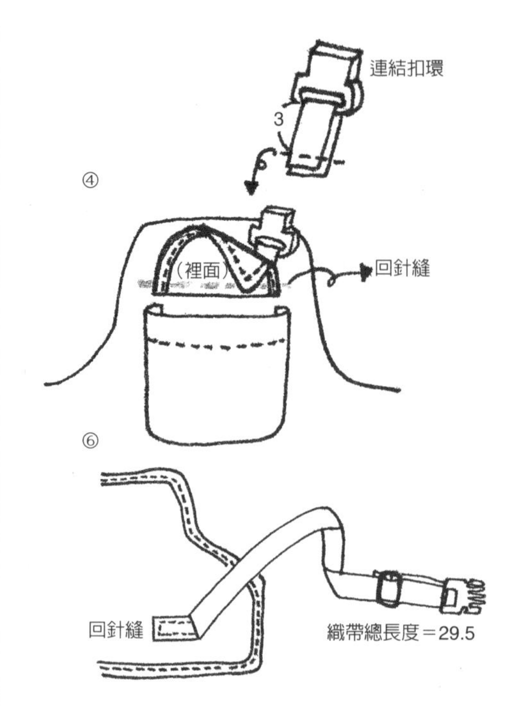

5 將包包本體的邊緣用斜紋帶圍繞包覆再回針車縫。

6 如圖將穿夾連結扣環的米黃色織帶對準包包的兩側部分裝釘上去，輕快感覺的包包即完成了。

製作要點

狗狗散步時，用來備置少許的零食和排泄用衛生紙是很好的項目，狗狗的身材越大越要調整織帶的寬度和連結扣環的大小。

條紋遮陽圓帽 ★★

準備材料：條紋牛仔布料1碼，少許米黃色斜紋帶，少許橡皮繩，剪刀，青色線，針。

需要尺寸：狗狗的頭圍，狗狗的前額圍。

製作方法

1 正確測量狗狗的頭圍後，如圖包含摺邊剪出各自2張帽子的本體和遮陽帽的帽舌部分共4張。

2 將本體以表面對貼好，回針縫連接兩邊側線的完成線之後，在摺邊剪出牙口再剪短後反翻。

3 遮陽帽的帽舌部分也同樣表面相貼，並依完成線回針縫合，然後在摺邊剪出牙口再剪短反翻後，如圖夾置裝嵌於遮陽帽的本體。

4 如圖將米黃色斜紋帶接在帽子的兩側邊角，做成戴在耳朵的繩子，如圖用橡皮繩做成固定繩回針縫上。

短袖T恤

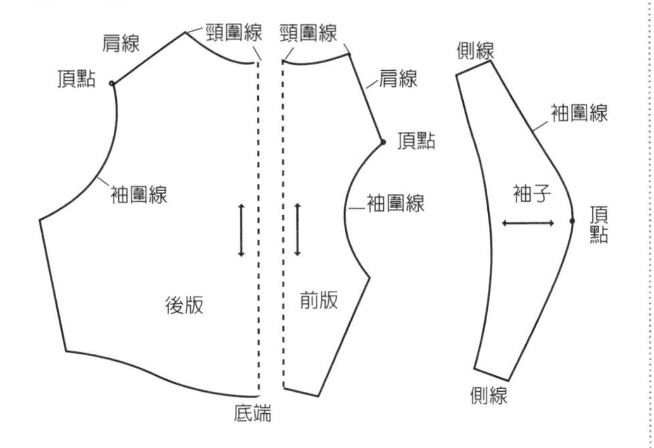

無袖條紋T恤

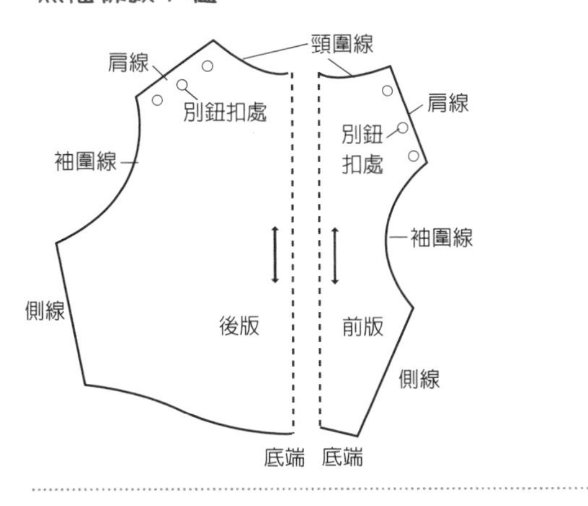

連帽雨衣

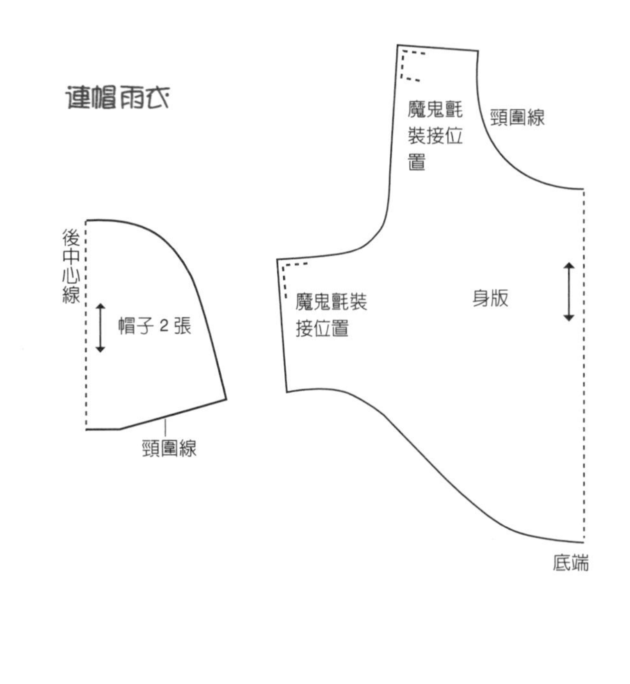

卡其色連身外套

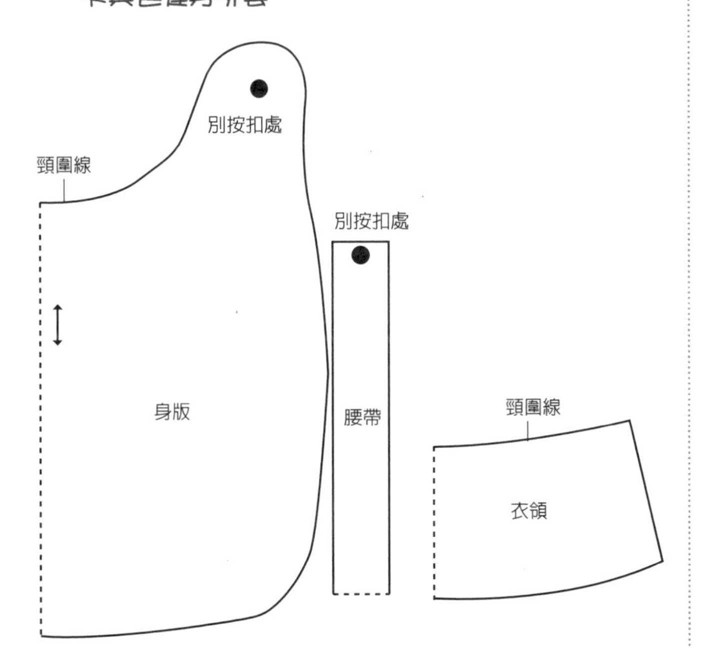

軍裝背心

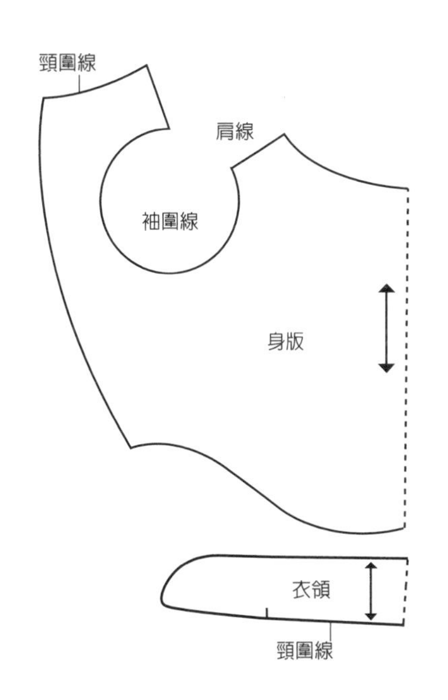

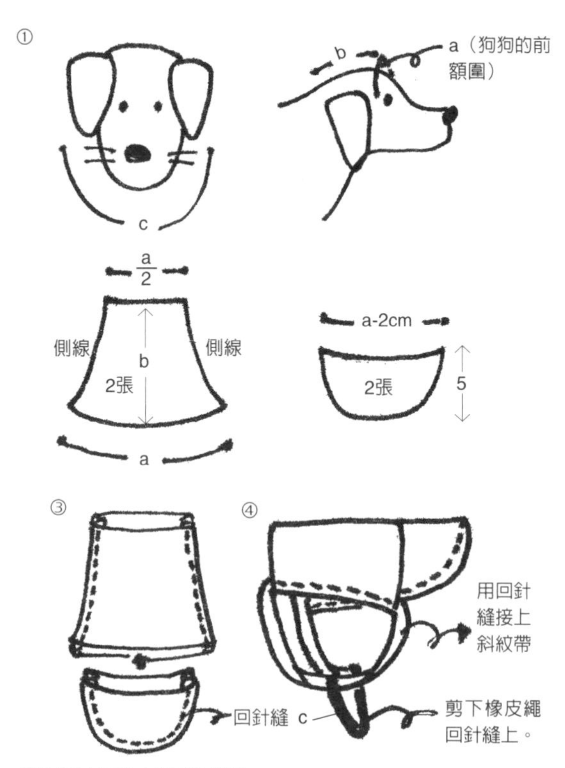

將帽舌夾置於本體回針縫好
（摺邊剪出牙口留下0.5cm剪短）

製作要點

縫好之後反翻布料時，為了做成自然的曲線，在摺邊剪出牙口後剪短然後將布反翻。戴於耳朵的繩子以適當長度裝上，以免耳朵容易脫落出來。

回飛棒玩具 ★

準備材料：各自少許的黃色、綠色、紅色閃亮塑料布，軟墊棉心，黃色線，綠色線，針，剪刀。

需要尺寸：39cm×5cm。

製作方法

1 將黃色、綠色、紅色閃亮塑料布對摺成39cm×5cm大小，包含縫份依骨線各剪1張總共3張。
2 依骨線裁剪的塑料布內側要露出朝向外面對折，並循著完成線回針縫好只留下一側末端，然後反翻布料做成長長的袋子。
3 在回針縫好的3種顏色布袋各自填入棉心後，將沒有縫合的尾端挑縫封住。
4 將填入棉心的3種顏色塑料布依序並排後，以挑縫做成V字即完成。

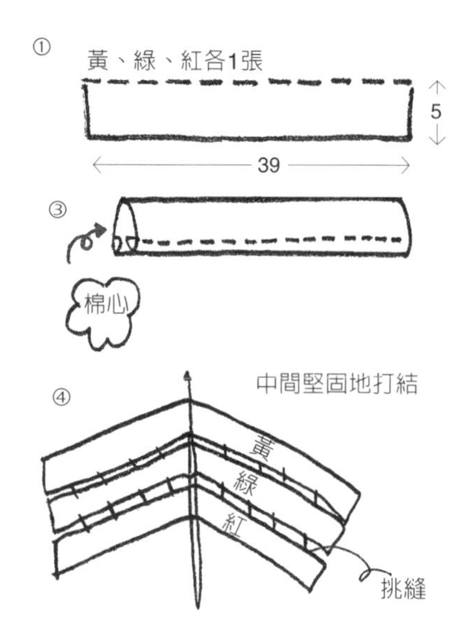

製作要點

想要為大型犬做回飛棒的話，用容易拉扯又不會撕裂的厚質塑料，做得堅固些吧。

披巾 ★

準備材料：紅色花紋布料，少許大孔的藍色和黃色珠子，紅色線，針，剪刀。

需要尺寸：對角線長度76cm，單側面長度54cm（不需留縫份）。

製作方法

1 將紅色花紋布料如圖對折，依骨線裁剪。
2 要讓披巾的兩側末端便於纏綁，如圖剪好之後，摺好摺邊在表面回針縫合。

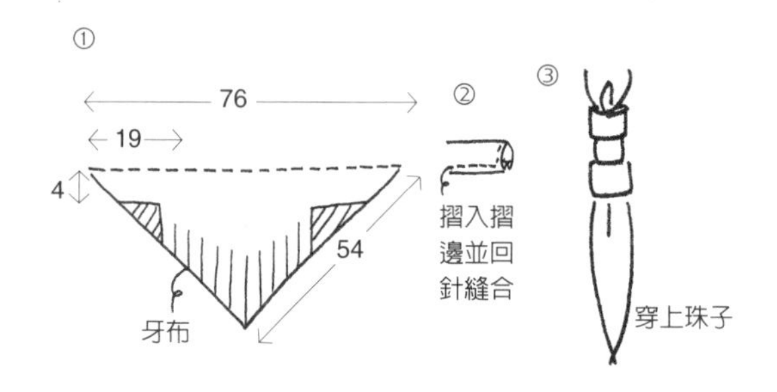

3 將披巾的三角形邊緣部分剪成細細長長，做成穗子。
4 在長長的穗子末端部分穿上珠子，然後打結即完成。

製作要點

考慮珠孔的大小，將布依珠子約能通過的幅度裁剪做成穗子。

攜帶式側肩背包 ★★★

準備材料：芥末色絨毛布料1碼，卡其色花朵圖案絨毛布料1碼，芥末色線，紫色繡線，大顆卡其色鈕扣，剪刀，針。

需要尺寸：包包／39cm×29cm，背帶／57cm×8cm

製作方法

1 如圖將芥末色（表布）絨毛布料和卡其色（裡布）花朵圖案絨毛布料，包含縫份依骨線各剪1張總共2張。
2 將芥末色布料底面和側面如圖回針縫好後，將邊角部分縫釘成為三角形樣子，做出包包的底面，並將摺邊修短。
3 裡布的卡其色花朵圖案布料，也是用芥末色布料相同的方法縫釘，修整摺邊。
4 將卡其色花朵圖案布料依骨線對摺，裁剪背帶2條為57cm×8cm大小。
5 將帶子表面相對摺半，依完成線縫好反翻。
6 在回針縫好的芥末色布料內，將卡其色花朵圖案裡布如圖放入，使內側面相對後，在表面回針縫合裝上裡布。

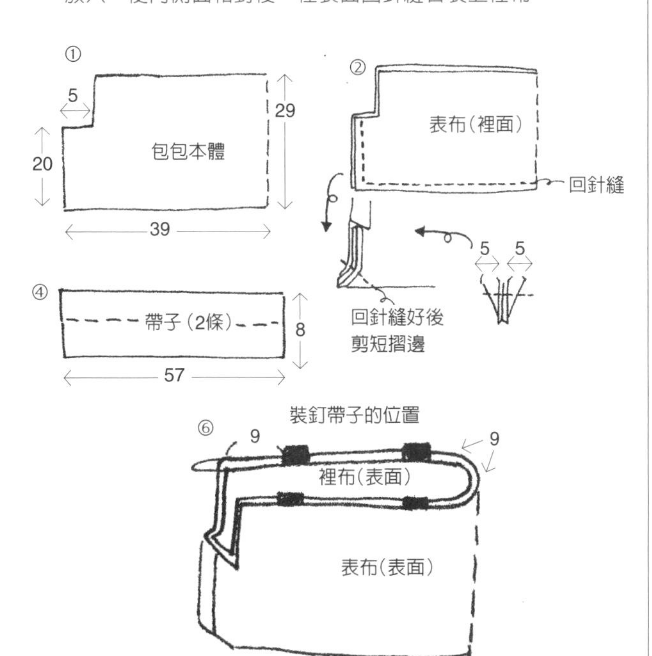

7 在包包入口接上帶子縫釘上去後，裝上鈕扣作為裝飾，即完成溫暖的小狗攜帶式側肩背包。

製作要點

做帶子時，將內側面相對摺半回針縫好之後，將布反翻再回針縫一次，才能維持更為堅固而平整的樣子。

攜帶式防水背包 ★★★

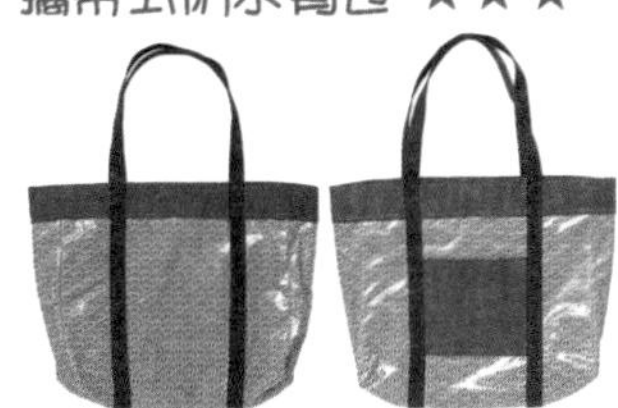

準備材料：粉紅色微笑圖案塑料布，粉紅色和藍色的兩面牛仔布料，藍色織帶3碼，粉紅色線，剪刀，針。

需要尺寸：包包本體／71cm×38cm，包包側面／10cm×30.5cm，口袋／18.5cm×14.5cm，背帶／2.5cm×30cm，包包本體裡布／81cm×38cm，包包側面裡布／10cm×30.5cm。

製作方法

1 將包包表布的粉紅色塑料布和裡布的兩面牛仔布料，包含縫份各自剪成如圖的尺寸。
2 在表布的粉紅色塑料布前面中間，將兩面牛仔布料剪成的口袋回針縫上。

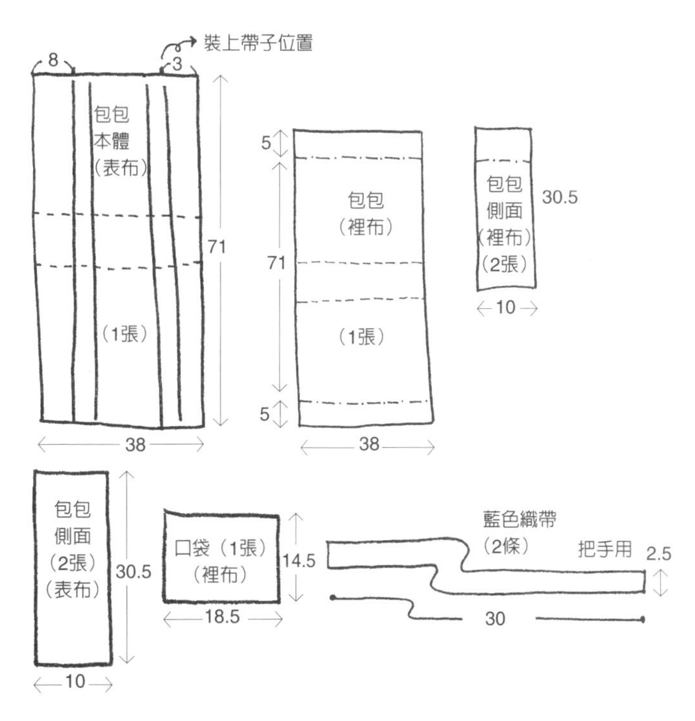

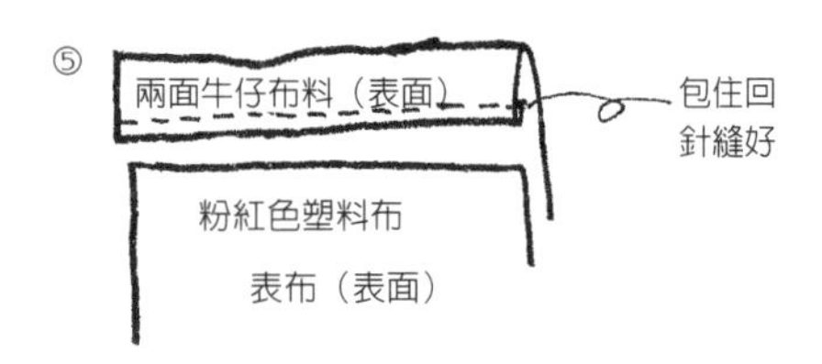

3 將表布的粉紅色塑料布側面和本體部分回針縫好做成外袋。
4 將裡布的兩面牛仔布料本體和兩側面回針縫好做成內袋。
5 在粉紅色塑料布的外袋置入用牛仔布料做成的內袋，使其疊好之後，將包包上方邊緣部分如圖將摺邊摺下5cm回針縫合。
6 將藍色織帶置於裝上帶子的位置和包包入口的邊緣，圍繞縫釘上去，即完成攜帶式防水背包。

製作要點

挑選塑料布時，要讓針能易於穿過布料，選擇不會太軟而有堅硬塑膠表層的布料。

PART 4 ACCESSORY

手織圍巾 ★★★

準備材料：少許細毛紗或混紡紗白色毛線，5號棒針，大針，5號鉤針，少許黑色毛線，剪刀，少許褐色不織布，黏膠。

需要尺寸：127段×12鉤

製作方法

1 利用5號棒針，以白色毛線起12針之後，重覆下針和上針的織法，連續編織共127段。
2 將圍巾的兩側末端用大針如圖挑針做成圓桶形。
3 將黑色毛線（利用5號鉤針）如圖織成腳掌樣子後，用大針穿繫在圍巾的兩側末端。
4 在用黑色毛線做成的腳掌裝飾上，各織一針白色毛線繡出腳指甲樣子，並用褐色不織布剪出腳掌樣子貼上。

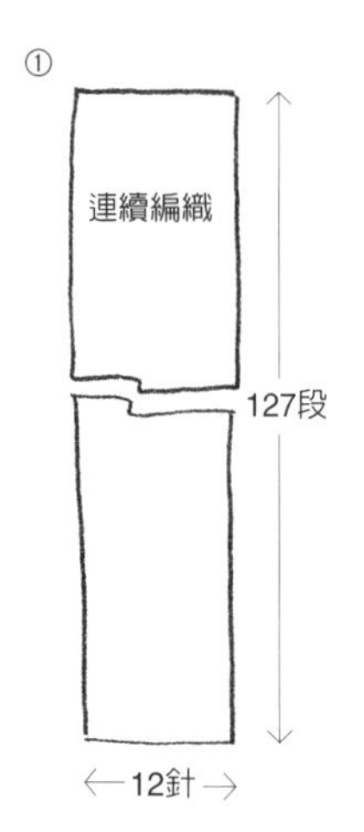

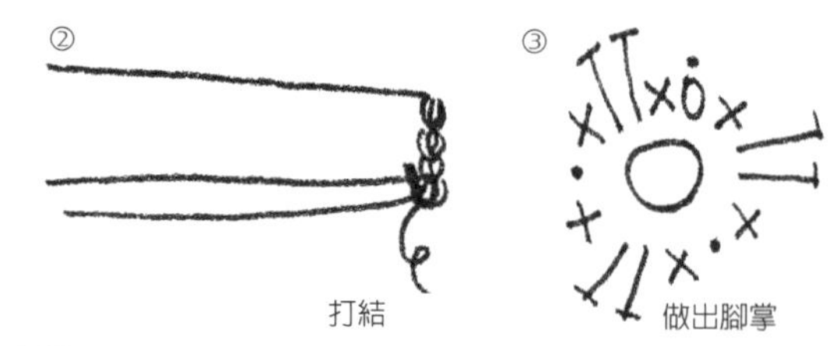

製作要點

如果想用粗的毛線為素材做成圍巾的話，重製準面之後必須計算針數，才能做出同樣大小的圍巾。

項鍊名牌 ★

準備材料：銀色墜子，銀色鍊子，簽名筆，鉗子或剪刀。

需要尺寸：頸圍＋2cm。

製作方法

1 將銀色鍊子剪成比頸圍多留2cm左右的長度。
2 將銀色鍊子穿入銀色墜子之後，在背面用不會褪色的簽名筆寫上寵物的名字和家裡電話號碼即完成。

製作要點

剪鍊子時，包含連結鉤環的長度必須將餘裕部分剪至2cm，項鍊才不會太長。

名字縮寫的珠珠項鍊 ★

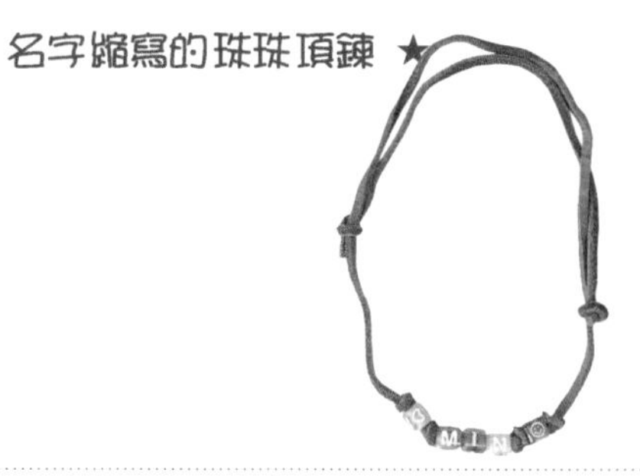

準備材料：字母縮寫珠珠，綠色皮繩，剪刀。

需要尺寸：頸圍＋餘裕部分

製作方法

1 依照自己的狗或貓名字的縮寫來準備珠珠。
2 符合名字順序地將珠珠穿過皮繩之後，在兩側尾端打結即完成。

製作要點

不要忘記依照縮寫順序穿過珠珠才行。用數字珠珠取代名字做成電話號碼也不錯。

新娘花冠 ★★

準備材料：粉紅色粗鐵絲，迷你花，少許黃色網紗布料，快乾膠，剪刀。

需要尺寸：頭圍。

製作方法

1 將粉紅色鐵絲如圖彎曲以符合狗狗的頭圍，做成髮箍。
2 將黃色網紗布料置於髮箍並抓出皺摺，用快乾膠固定。
3 沿著髮箍在網紗布料上，用快乾膠四處貼上迷你花，新娘花冠即完成。

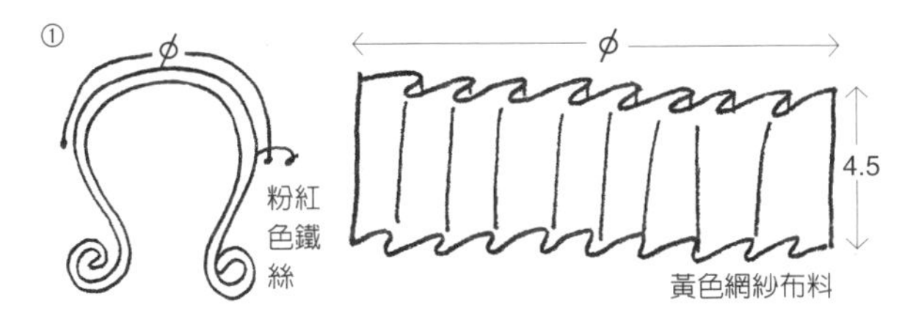

製作要點

注意手別沾到沿著鐵絲流下的快乾膠。

糖果 & 緞飾 & 心形髮夾 ★

準備材料：☆糖果髮帶（紅色糖果圖案裝飾，粉紅色橡皮繩，紅色線，針，剪刀）。
☆緞飾髮帶（黃色、藍色格子圖案緞飾，花形珠子，藍色橡皮繩，黃色線，針，剪刀）。
☆心形髮夾（粉紅色、藍色、淺綠色心心珠珠，快乾膠）。

製作方法

糖果髮帶

1 在紅色糖果裝飾的背面，將橡皮繩放好縫上即完成。

緞飾髮帶

1 在藍色和黃色格子圖案的緞飾上，縫上花形珠子裝飾。
2 在緞帶的背面放上橡皮繩固定縫好，漂亮的緞飾髮帶即完成。

心形髮夾

1 在細夾子下方依序穿入心形珠珠，並用快乾膠固定即完成。

製作要點

將小裝飾裝上橡皮繩時，抹上一點黏膠稍微固定一下，然後繫縫上去則較容易。

PART 5 LIVING GOODS

攜帶式飯碗 ★★★

準備材料：米黃色和天藍色、奶油色覆棉布料各 1 碼，裝飾用標籤，筋繩，剪刀，天藍色線，米黃色線，夾束扣 1 個。

需要尺寸：內袋側面 / 46cm×15cm，內袋底面 / 半徑7cm圓，外袋側面 / 46cm×7cm，外袋底面 / 半徑7cm圓，周圍布料 / 46cm×5cm

製作方法

1 如圖各自包含縫份將米黃色布料剪成外袋側面和底面，天藍色布料為周圍，而奶油色布料為內袋側面和底面。
2 在米黃色布料的正中間將可愛的裝飾用標籤回針縫貼上去。
3 將米黃色布料上面部分的摺邊往內摺後，用天藍色布料包住周圍回針縫好。
4 將米黃色布料的兩側線回針縫合後，將圓形底版縫接上去以完成外袋。
5 為使筋繩能夠通過，留5cm回針縫好奶油色布料上面部分的摺邊。

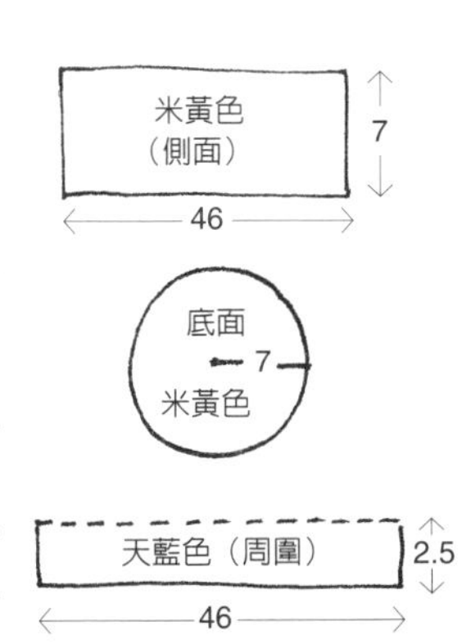

6 將奶油色布料的兩側線回針縫合之後，縫接圓形底版做成內袋並穿入橡皮繩。

7 在米黃色外袋裡面置入奶油色內袋，將底板部分四處縫緊固定，即完成攜帶式飯碗。

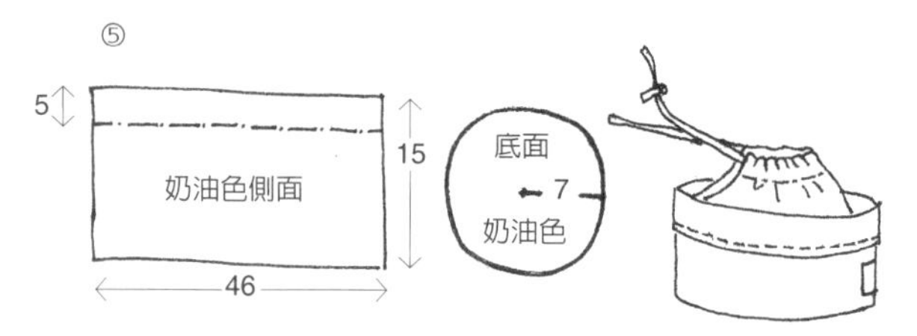

製作要點

為了置入能勒緊飯碗入口的粗厚筋繩，一定要在上面摺邊預留充份餘裕回針縫合才行，同時為使橡皮繩不會鬆脫，在橡皮繩末端夾上調節的零件夾束扣，則使用時會更加便利。

散步用繩子 ★★

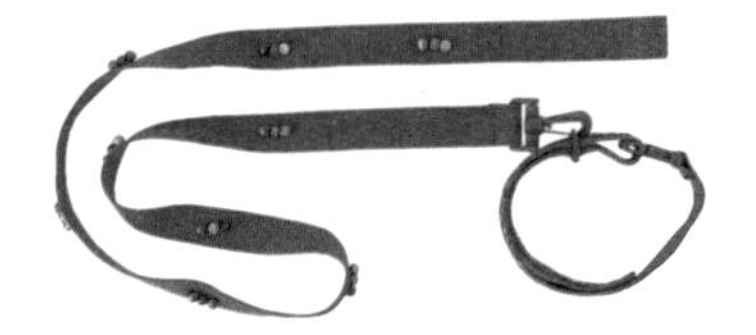

準備材料：織帶2碼，彩色木珠27個，民族風緞帶，塑膠帶環3個，綠色線，針，剪刀。

需要尺寸：項圈長度／44.5cm，繩索長度／151cm。

製作方法

1 將藍色織帶各自剪成項圈用44.5cm長度、繩索用151cm長度。

2 把民族風圖案的緞帶疊在織帶上並回針縫固定。

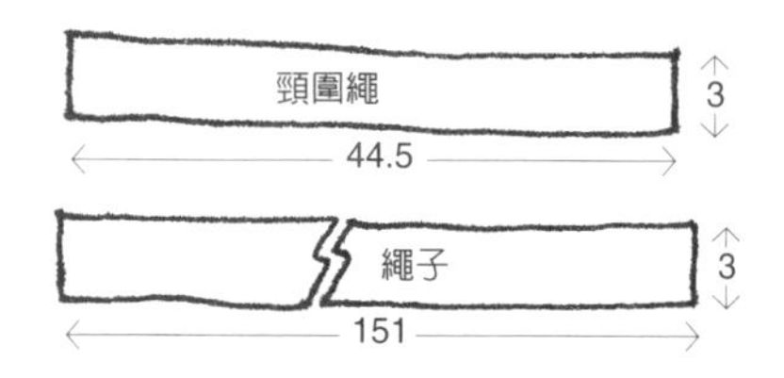

3 在項圈用織帶的一端穿夾能夠調節長度的D環，在兩側末端如圖穿夾塑膠帶環並回針縫接上去。

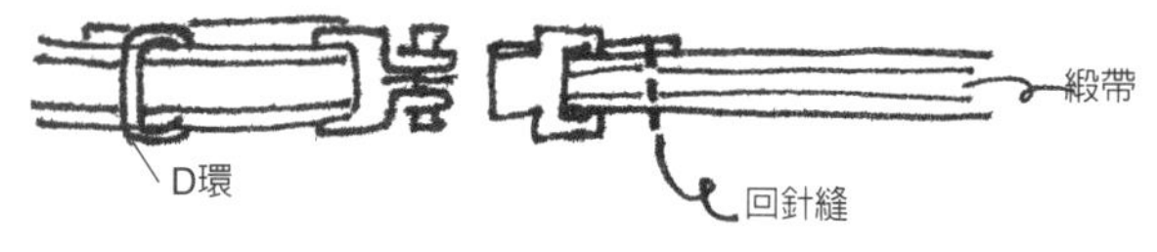

4 在繩索用織帶上用平針裝上木珠作為裝飾之後，如圖摺出把手部分縫釘上去，即完成民族風的散步用繩子。

製作要點

縫接粗厚的織帶時，用較粗的針多幾次平針縫或用裁縫機多車縫數次，做得牢固一點。

拼布墊子 ★★★

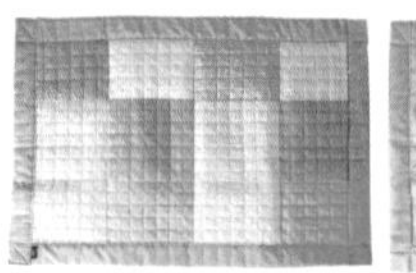

準備材料：橘色棉布1碼，杏色、藍色、草綠色、黃色填縫布料。

需要尺寸：填縫配色布料／14cm×14cm，包住背面全部的布料／175.5cm×50cm，包住橫面邊緣的布料／4.5cm×50cm，包住直面邊緣的布料／175.5cm×4.5cm。

製作方法

1 如圖將杏色、藍色、草綠色、黃色填縫布料不留縫份各自剪成3張14cm×14cm的正四角形，共12張。

2 用橘色棉布裁剪出包住直面邊緣的175.5cm×4.5cm兩張，和包住橫面邊緣的50cm×4.5cm兩張，還有包住背面全部的175.5cm×50cm一張。

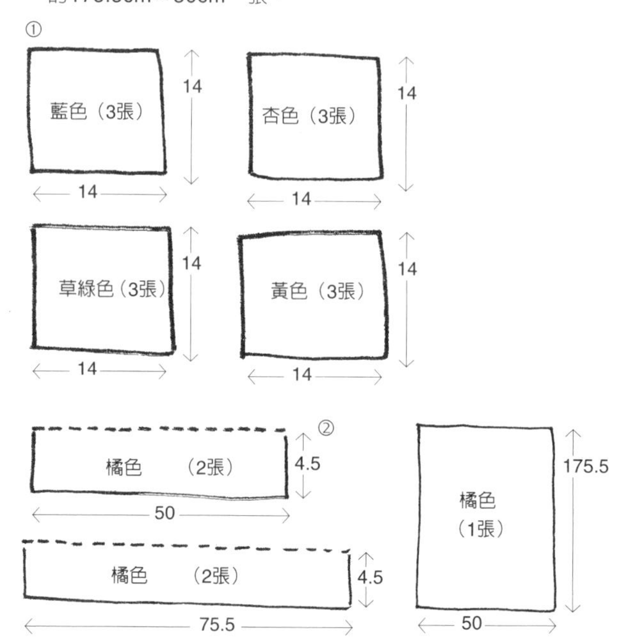

3 將剪成正四角形的12張布片配好顏色並整齊排放之後，在離邊緣0.5cm的支點互相重疊回針縫合，將12張全部連接起來。
4 將拼布成品內側和橘色布料內側相對放好後，用摺邊全部摺好的長條布料包住四邊，如圖回針縫好即完成。

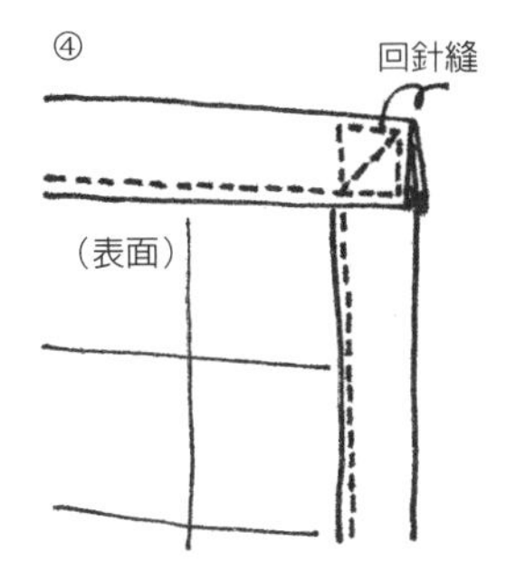

製作要點

為了不要讓裁成正四角形的拼布片在全部連接後變成歪皺的樣子，在縫接前正確對好長度，平整地疊放再細密縫合。

吃飯用餐墊 ★

準備材料：彩色墊襯（藍紫色、粉紅色），鉛筆，接著劑，圓規，剪刀，小刀。

需要尺寸：半徑17cm的圓形，寬度3cm的外圍圓（半徑17cm）。

製作方法

1 利用圓規在藍紫色墊襯上畫出半徑17cm的圓再剪下。
2 在粉紅色墊襯畫出半徑17cm的圓之後，由內剪出半徑14cm的圓，留下寬幅3cm的外圈。
3 用剩下的粉紅色墊襯剪出"food"的文字作為圖案之後，依序排列在藍紫色墊襯的中央，用接著劑貼上。
4 在貼上"food"文字的藍紫色墊襯邊緣，放上粉紅色外圈貼上，即完成輕便的吃飯用餐墊。

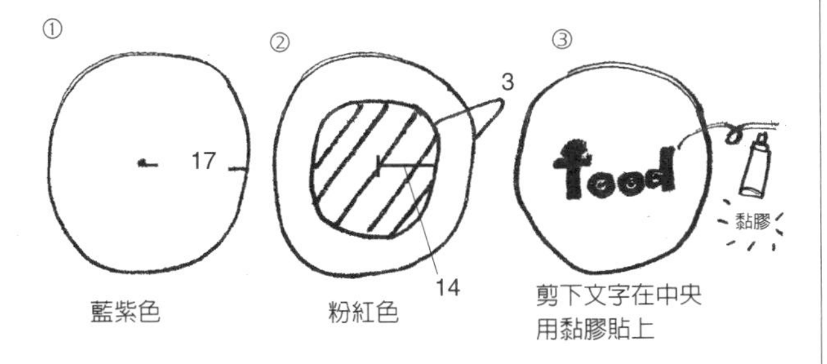

製作要點

剪成自己的狗或貓的英文名字縮寫貼上，也是一種出色的裝飾。

骨頭形碗墊 ★★

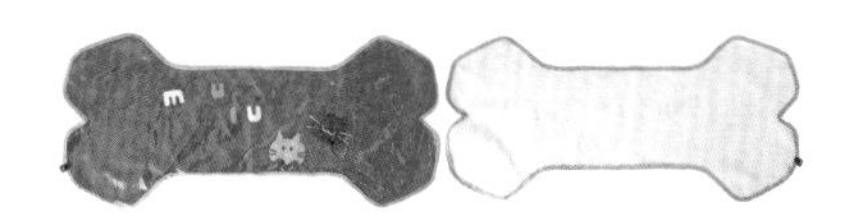

準備材料：朱紅色人造皮1碼，透明塑膠皮1碼，米黃色斜紋帶，少量各種顏色的人造皮，接著劑，剪刀，米黃色線，針。

需要尺寸：全長91cm，寬度25.5cm，尾側寬度41cm，中間直線長度41cm（不需留縫份）

製作方法

1 在朱紅色人造皮和透明塑膠皮上畫出同樣大小的骨頭樣子，然後各自剪成1張。
2 將彩色的人造皮剪成如圖的貓咪臉孔圖案和"miu miu"文字，貼在骨頭樣子的朱紅色人造皮上。
3 在朱紅色人造皮上整齊疊置透明塑膠皮，將邊緣用米黃色斜紋帶圍繞包覆並縫釘，即完成貓咪碗墊。

①
41　25
25.5　朱紅色人造皮　41
91

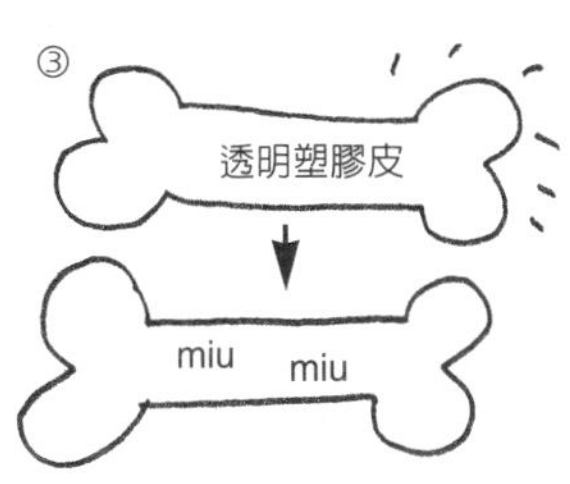

製作要點

為使下方的朱紅色人造皮和疊在上面的透明塑膠皮不致脫開，在邊緣圍繞斜紋帶之前，將2張平整地攤開貼緊，用絲針或黏膠輕輕固定住邊緣。

老鼠形手鐲玩具 ★★★

準備材料：少許白色毛線，少許黑色毛線，5號鉤針，棉花，剪刀，大針。

需要尺寸：以基礎針做的圓為基準的4個短針作為開始（參照圖示）。

製作方法

1 將白色毛線用5號鉤針做出基礎針的圓之後，第一段織4針短針。

2 第2段織7針，第3段8針，第4段13針，第5段14針，第6段17針，第7段19針，第8段22針。

3 第8段開始到第13段為止，針數維持22針不變。

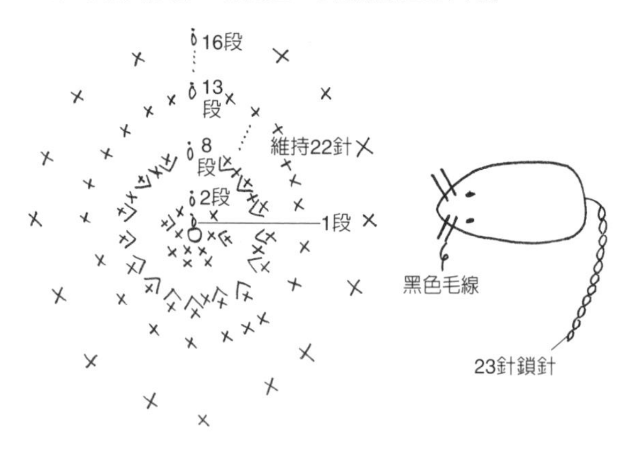

4 第14段21針，第15段19針，第16段16針，第17段12針，如此減針而織後，將棉花滿滿填入內側。

5 剩下的線用鎖針長長地織23針收尾，以後接成尾巴。

6 將黑色毛線打個粗結做成眼睛，用大針穿過鼻子周圍做成鬍鬚，即完成老鼠形手織玩具。

製作要點

為了做出自然橢圓形的老鼠樣子，要仔細地檢查縮針來編織才行。

貓薄荷魚形軟墊 ★★

準備材料：藍紫色和黃色網紗布料，彩色蕾絲5碼，各種顏色的保麗龍柱，少許草本貓薄荷，剪刀，線，針。

需要尺寸：身軀／寬度16cm，長度36.5cm，尾巴／寬度14cm，長度7cm。

製作方法

1 在藍紫色網紗布料和黃色網紗布料上將魚形樣子畫成如圖大小，然後包含縫份各自剪下1張。

①
7
16
14
36.5

2 在藍紫色網紗布料正面將彩色蕾絲並排放成橫條圖案，並且密密回針縫上。

3 將縫上蕾絲的魚形藍紫色網紗布料和黃色網紗布料表面對貼，如圖回針縫合之後反翻。

4 在回針縫合的魚形網紗布料袋子裡填入保麗龍柱後，在尾巴部分放入草本貓薄荷。

5 將尾巴部分的摺邊摺好並以回針縫細密縫住，即完成魚形貓薄荷軟墊。

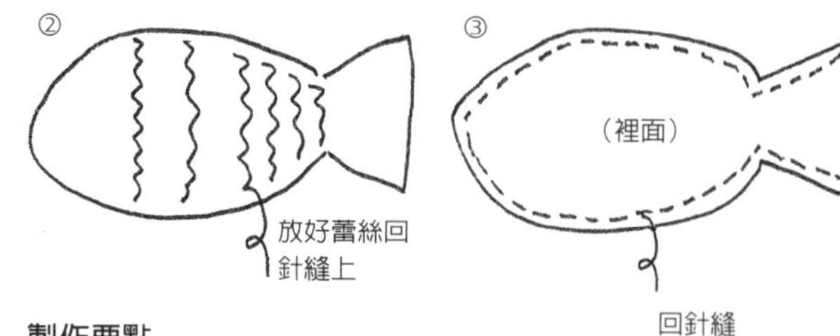

製作要點

因為網紗布料穿了很多洞洞，所以縫得針孔太大的話容易裂縫，因此細密地回針縫接較好。

手織迷你靠墊 ★★★★

準備材料：少許粉紅色毛線，少許藍色毛線，5號鉤針，大針，黃色不織布1張，軟墊棉心，剪刀。

需要尺寸：鎖針10針，中長針4段

製作方法

1 用5號鉤針如圖做出10針鎖針之後，織4段中長針做出四角形主體。

2 用粉紅色毛線做四角形主體4個，用藍色毛線做四角形主體5個，如圖排列後，在大針穿入毛線並用挑針縫連接起來。

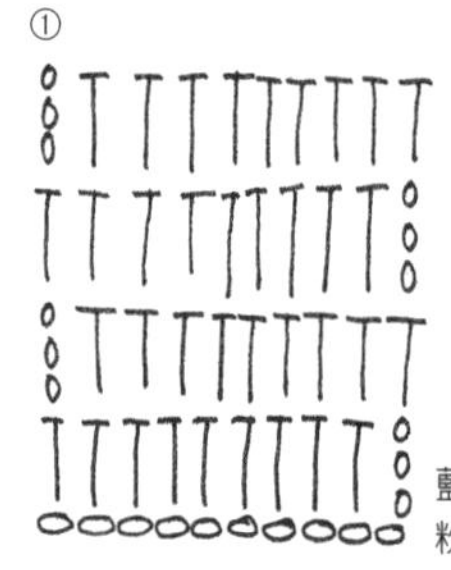

3 用挑針縫連接粉紅色和藍色大小相同的四角形拼布，將黃色不織布做成四角形，留下一些開口，將四邊用扣眼縫連接之後，在裡面填滿棉心。

4 將開口用扣眼縫封住，利用粉紅色毛線和藍色毛線如圖做成毛球。用大針固定住靠墊的四個邊角，迷你靠墊即完成。

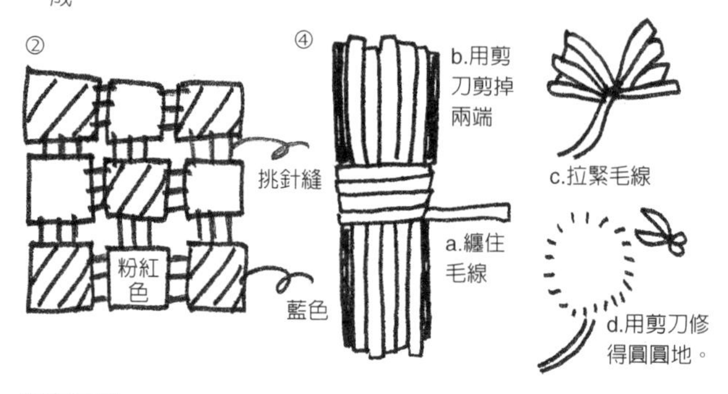

製作要點

均等地編織使四角形主體的大小全部一致，而且製作毛球時不要讓穗子掉落，在毛線綑束的中幹纏繞3～4次結實地綁好，使呈圓形球狀。

骨頭形手織玩具 ★★★

準備材料：各種顏色混染的毛線（黃色混米黃色系），棉花，7號鉤針，大針，剪刀。

需要尺寸：從基本27針開始，增減針數來變化形狀（參照圖示）。

製作方法

1 利用7號鉤針，以彩色毛線做出27針基礎鎖針後，如圖反覆編織短針、中長針、長針。
2 用27針短針做出1段之後，第2段也做27針短針。
3 第3段只在兩側各1針縮減2針，共織25針的短針。
4 第4段在四邊各1針縮減4針，共織21針的短針。
5 第5段在四邊各1針縮減4針，共織17針的短針，而第6段在四邊各1針縮減4針，共織13針的短針。
6 第7段～第18段針數不變繼續織成13針短針。
7 第19段在四邊各1針增加4針，織17針的短針。
8 第20段在四邊各1針增加4針，共織21針的短針。
9 第21段在四邊各1針增加4針，共織25針的短針。
10 第22段只在兩側各1針增加2針，織27針的短針。
11 第23段、第24段織27針的短針之後，最初做的1號織法再做一次。
12 在裡面放入棉花或毛線後，用大針將左右縫補封住，即完成骨頭形玩具。

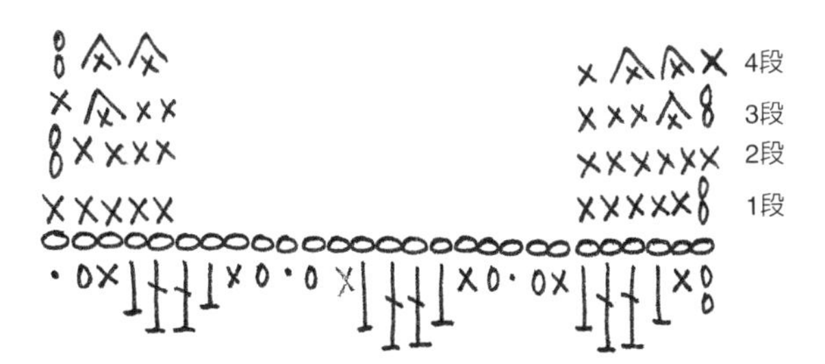

製作要點

作品的尺寸較小，沒有正確計算針數來編織的話，無法做出該有的樣子，因此要一邊仔細地檢查一邊製作。

道具收納袋 & 零食用布袋 ★★★

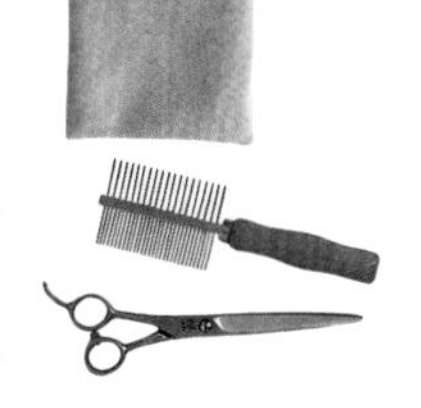

道具收納袋

準備材料：牛津布料1／2碼，剪刀，白色線，棉繩，針，裝飾標籤。

需要尺寸：橫23cm×直13cm，繩子長度40cm。

製作方法

1 將牛津布料包含縫份剪成橫23cm、直13cm的長方形狀。
2 在希望的位置平針縫貼裝飾標籤，將剪成長方形的布料上面部分的摺邊摺起，回針縫好，使繩子可以通過。
3 將長方形布料表面相對摺半對齊疊好之後，沿著側線和底面的完成線回針縫好，上面部分留下3cm使棉繩可以穿過。
4 將回針縫好的袋子反翻之後，在上面摺邊部分穿過棉繩拉緊，即完成袋子。

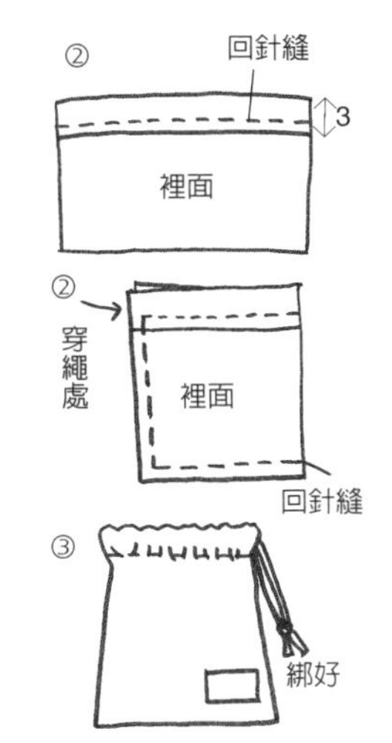

製作要點

在上面摺邊部分留下充分的餘裕回針縫合，使粗的棉繩易於穿過，同時將繩子的末端束在一起綁好使繩子不會脫落。

零食用圓形布袋

準備材料：牛津布料1／2碼，剪刀，白色線，針，裝飾標籤，圓規。

需要尺寸：底面／半徑5cm的圓，袋子側面／直15cm×橫31.5cm，把手／長度25cm×寬度5cm

製作方法

1 包含縫份剪下，作為底面半徑5cm的圓和袋子側面直15cm×橫31.5cm的長方形。
2 將長方形布料上面摺邊3cm摺起縫合，並使表面對貼摺半之後，回針縫好側線做成圓桶樣子。
3 此圓桶下方對準圓形布料，並將邊緣回針縫合以做出底面再反翻，使表面往外露出。
4 剪下長度25cm×寬度5cm的細長方形布料摺半，將摺邊摺好之後回針縫合邊緣做成把手。
5 在圓桶形袋子的兩側邊緣將把手回針縫接上去，即完成零食用布袋。

製作要點

在圓桶形袋子的邊緣接上把手時，先確認對稱點做好標示再縫接，提袋子時才能平衡握好。

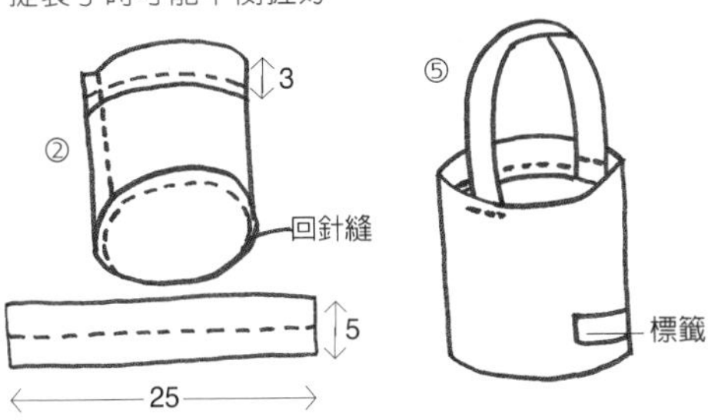

PART 6 FURNITURE

小貓的床 ★★★

準備材料：海綿，天藍色腳掌圖案布料，天藍色滾邊帶，拉鍊，少許不織布，繡線，裝飾用娃娃，籃子，剪刀，天藍色線，針，黏膠。

需要尺寸：床墊／35.5cm×32.5cm，床墊側面／136cm×5cm

製作方法

1 將天藍色腳掌圖案布料剪成橫35.5cm×直32.5cm（2張）、高度5cm×長度136cm（1張）的大小，包含縫份準備做成床墊上面、下面、側面的布料。

2 將海綿剪得比35.5cm×32.5cm尺寸稍小一點，做成墊心。

3 在剪成床墊上面、下面、側面的布料邊緣，夾上天藍色滾邊帶，只留下返口部分，然後回針縫合做成床墊套子。

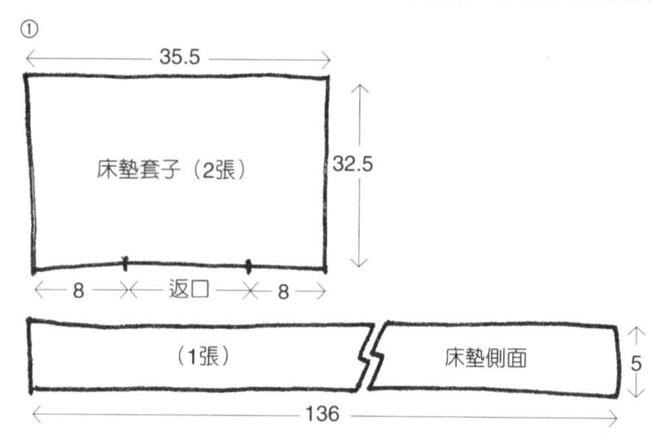

4 在摺起的返口摺邊上擺好拉鍊並回針縫接，然後將床墊套子反翻。

5 在完成的床墊套子裡面放入剪好的厚海綿，即完成床墊。

6 在籃子的表面部分用黏膠貼上不織布、繡線、小娃娃等作為裝飾便大功告成。

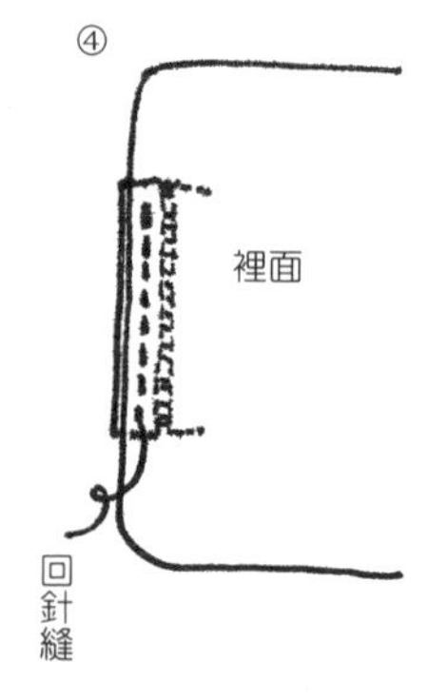

製作要點

製作床墊套子時，多留餘裕給返口才裝拉鍊，使海棉裝脫方便。

小狗的衣櫥（訂做傢俱）★★

準備材料：三合板，油漆，鋸子，釘子，錘子。

需要尺寸：衣櫥／橫41cm×直24cm×高62.5cm，底座／高度3.5cm，層板／高度8cm，櫥門／寬度20.5cm。

製作方法

量出想要製作的衣櫥大小，委託木材行或傢具行製作基本框架和上色。

製作要點

不只衣櫥外部的尺寸，還有內部的層板高度、衣架用掛竿的位置及高度、門把的種類和衣櫥上裝飾等，都要仔細地檢查細部的尺寸和細節。還有油漆是否均勻也一定要詳細觀察。

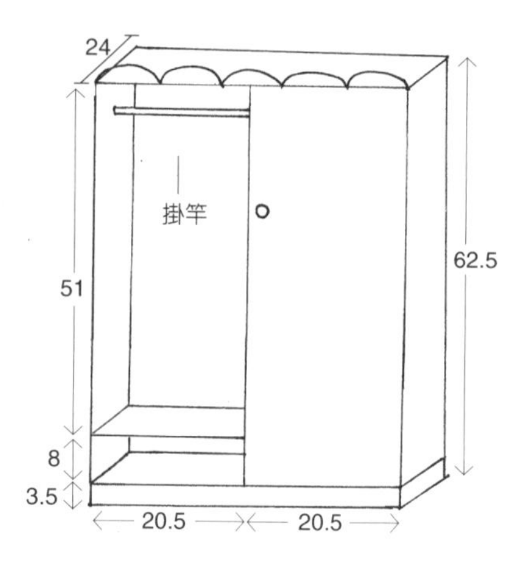

迷你衣架 ★

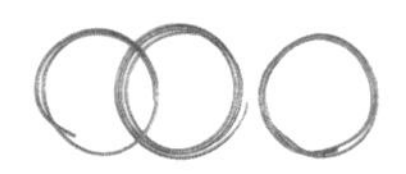

準備材料：粗鐵絲，剪刀。

需要尺寸：鐵絲長度約26cm。

製作方法

1 將粗鐵絲以約26cm的長度剪至需要的個數。

2 將鐵絲以6.5cm間距彎折做成衣架樣子即完成。

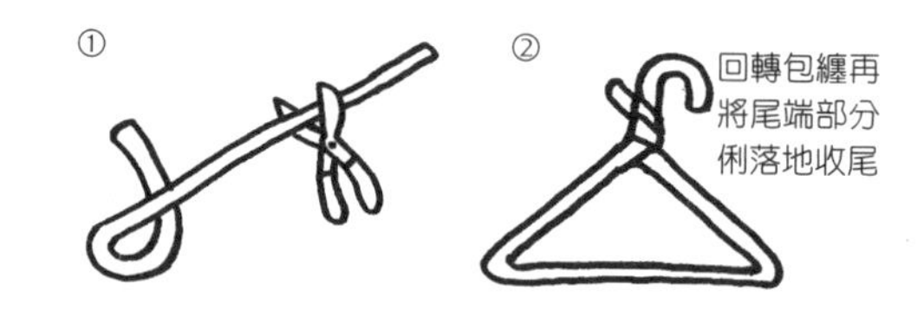

製作要點

必須多留餘裕給尾端部分，使能做出衣架的吊掛部分，才能將衣架好好吊上掛竿。

圓球形軟墊 ★★

準備材料：水滴印花布料2碼，保麗龍球，鈴鐺，白色拉鍊，剪刀，針，白色線。

需要尺寸：軟墊側面／141.5cm×30cm，軟墊底面／半徑45cm圓形。

製作方法

1 將水滴印花布料包含縫份剪成橫141.5cm×直30cm的長方形、半徑45cm的圓形。

2 把水滴印花布料的表面相對並對好兩側線之後，預留裝上拉鍊的部位，回針縫合做成圓桶。

3 在做成圓桶的水滴印花布料上面和下面，對好剪成圓形的

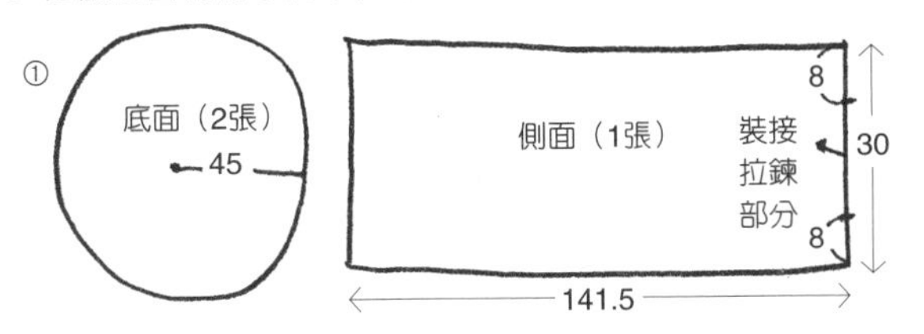

底面縫合之後，在摺邊剪出牙口並予以分縫處理。

4 在圓桶形布料沒有回針縫合的側線部分裝上拉鍊，整個反翻即完成如圖的軟墊套子。

5 在軟墊套子裡面填滿保麗龍球並放入鈴鐺之後，拉上拉鍊便完成。

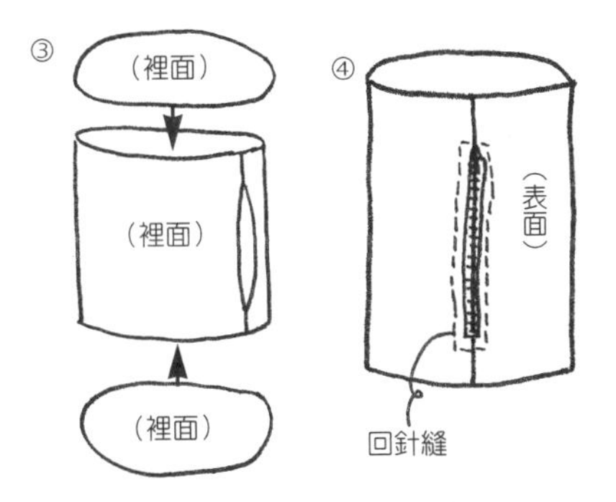

製作要點

為了易於放入和拔出軟墊心，在裝上拉鍊的部分多留充份餘裕較好。

開放式小床 ★★

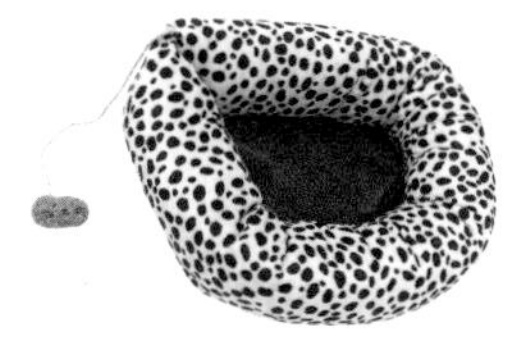

準備材料：豹紋印花布料，褐色絨毛布料，細繩，軟墊棉心，貓形玩偶，剪刀，白色線，針。

需要尺寸：底面／40cm×32cm，側面／150cm×40cm。

製作方法

1 用豹紋印花布料包含縫份剪下軟墊側面為橫150cm×直40cm大小。

2 如圖利用褐色絨毛布料，包含縫份剪出橫40cm×直32cm大小的底面2張。

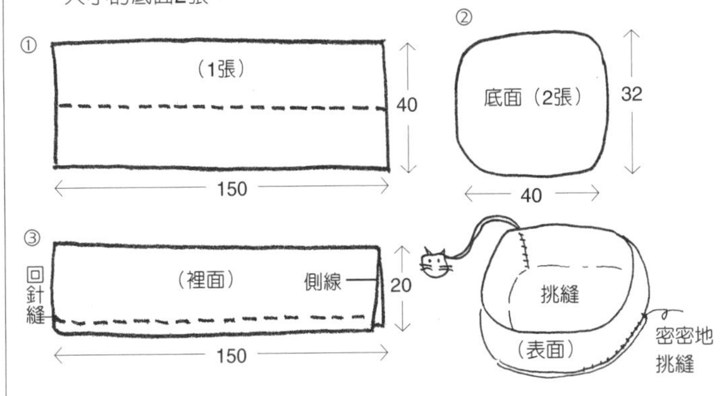

3 軟墊側面將豹紋印花布料長長地摺半後，依完成線回針縫合。

4 將縫合的豹紋印花布料反翻，在裡面放入棉心填得飽飽地之後，互相連接側線挑縫。

5 在側線接好的豹紋印花布料底座，將2張底面放好，用挑縫密密地連接上去。

6 如圖在豹紋印花布料的一側角落繫上用細繩連接的貓形玩偶，作為玩具用迷你枕頭即可。

製作要點

不要讓棉心掉出連接部分，密密地挑縫接好。

帳幕式的床 ★★★★

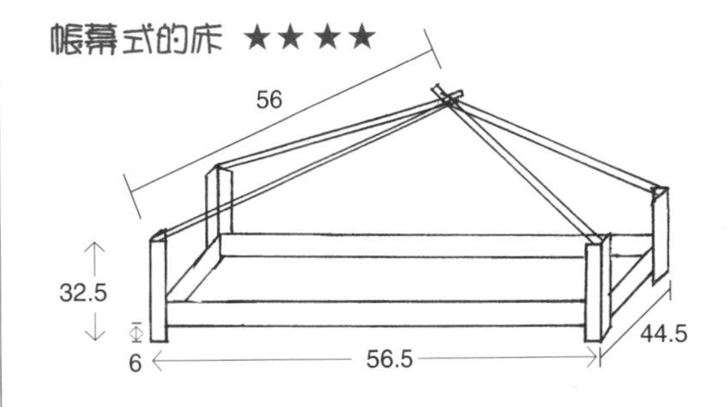

製作基本框架

決定想做的床架尺寸之後，委託給製作DIY傢俱的地方，製作床的基本框架。

製作要點

多漆幾次使木頭做的框架顏色不會剝落，一定要詳細觀察是否沒有釘子危險地突出。

準備材料：紅色外罩花布2碼，綠色花朵圖案罩布2碼，白色蕾絲下擺，羽毛，細繩，繫帶，海綿（厚5cm），軟墊棉心，少許細薄橡皮繩。

需要尺寸：基本框架尺寸－天帳支持竿56cm，支柱32.5cm，床腳高度6cm，床身44.5cm×56.5cm，床墊54.5cm×41cm，床墊側面191cm×5.5cm，方形靠墊身版43cm×15cm，方形靠墊側面116cm×5.5cm，圓桶形靠墊41cm×15cm，頂端裝飾布料30cm×20cm，整個帳幕罩套165cm×135cm。

製作方法

製作床墊

1 將綠色花朵圖案罩布包含縫份剪成2張橫54.5cm×直41cm、1張橫191cm×直5.5cm。
2 如圖將剪好的長方形罩布2張和細長方形罩布1張的邊緣連接回針縫好，在預留的返口裝上拉鍊做成床墊套子。
3 將海綿剪得比床墊套子的尺寸稍小一點，放入床墊套子裡面。

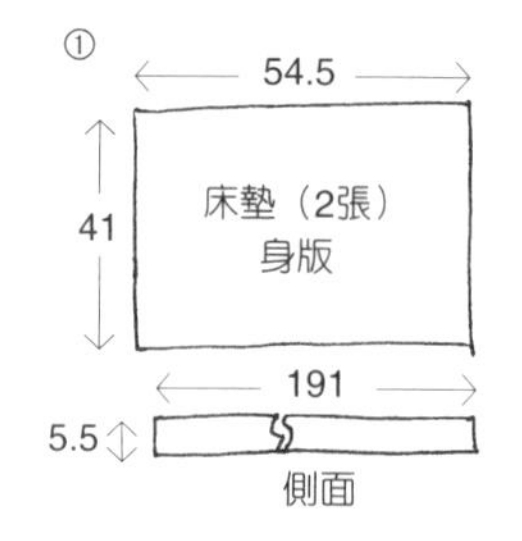

製作方形靠墊

1 將綠色花朵圖案罩布剪成2張橫43cm×直15cm，包含縫份剪下1張橫116cm×直5.5cm。

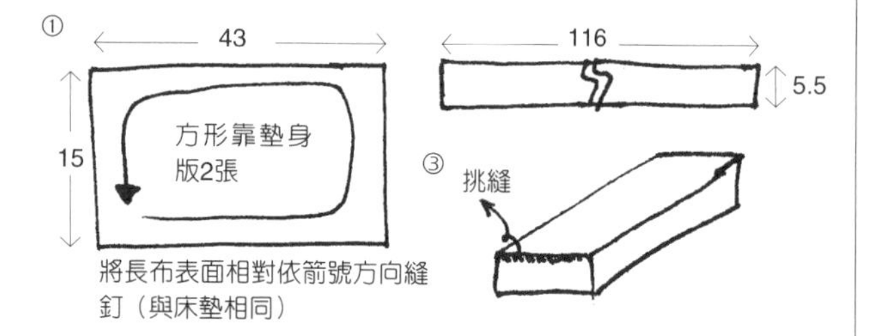

將長布表面相對依箭號方向縫釘（與床墊相同）

2 將海綿剪成比布料稍小一點尺寸的長方形。
3 用和床墊相同的方法，將長方形布料2張和細長方形布料1張的邊緣回針縫合，做成套子之後不裝拉鍊，放入海綿後挑縫將洞封住。
4 和上面相同的方法做出2個方形靠墊，置於床的兩側邊邊。

製作圓桶形靠墊

1 將綠色花朵圖案罩布剪成橫41cm×直15cm。
2 使成為長度41cm的圓桶形，將一側重疊縫釘。

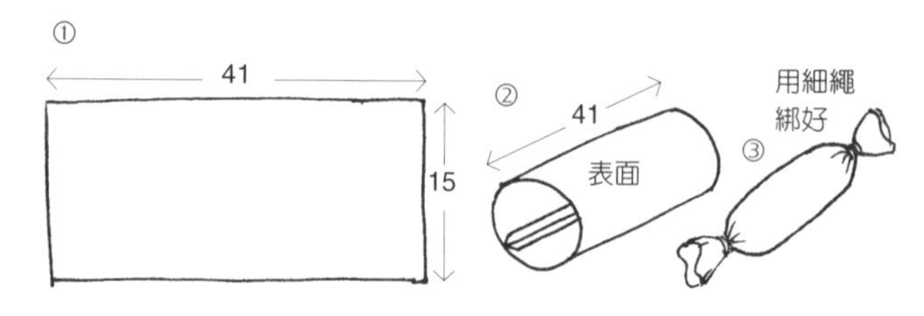

3 在圓桶形的布料裡填入適當量的棉心，用細繩綁好兩端。
4 和上面相同方法做出2個圓桶形靠墊，置於床的兩側邊邊。

頂端裝飾布料

1 將紅色罩布剪成橫30cm×直20cm。
2 在剪好的罩布內側如圖以5cm間距將橡皮繩整齊排列縫釘上去，使之產生皺摺。
3 將縫有橡皮繩的布料兩側邊緣摺邊摺下，回針縫好。

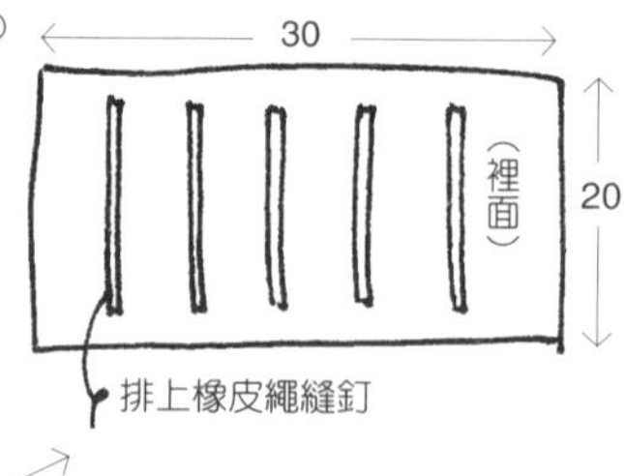

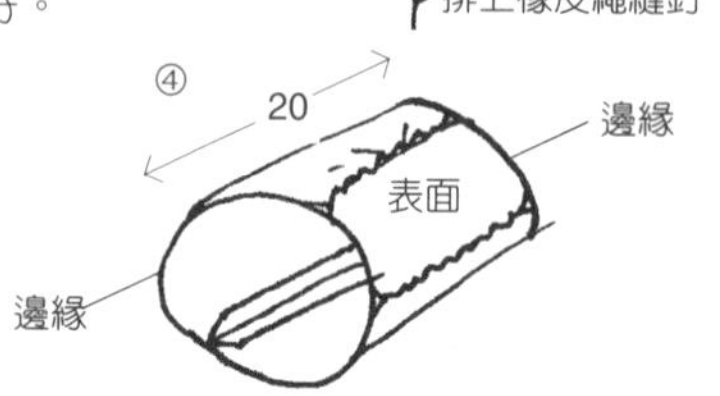

4 將兩側邊緣重疊縫好，使綴有蕾絲的裝飾布料成圓桶樣子，然後插套在床架頂端。

帳幕罩套

1 將紅色罩布包含縫份剪成橫165cm×直135cm的細長方形。
2 將剪好的紅色罩布邊緣摺邊摺下之後，圍繞蕾絲下擺縫上。
3 將長方形布料橫放之後，在正中間垂直拉緊縫上3cm左右的橡皮繩，做成皺摺往上拉起的花飾。
4 先將完成的帳幕罩套裝在做好的床架後，將正面兩端用繫帶

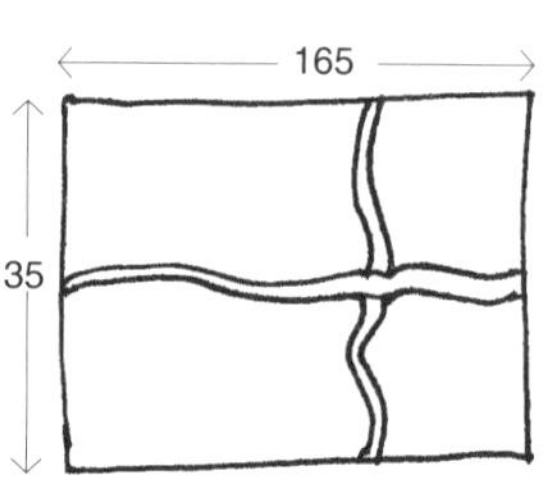

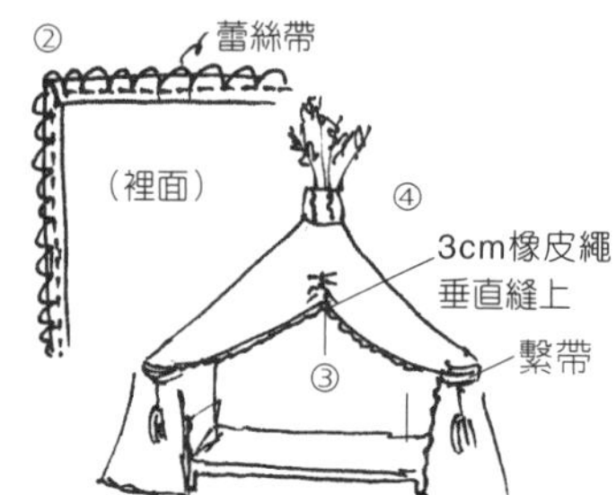

綁好作為裝飾，床即完成了。

小狗毛巾軟墊 ★★★

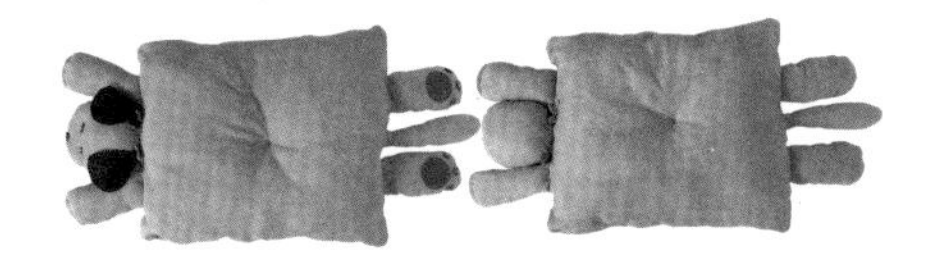

準備材料：天藍色毛巾布，軟墊棉心，褐色不織布，格子圖案緞帶，剪刀，針，天藍色線，少許黑色毛線和褐色毛線。

需要尺寸：身軀 / 40cm×50cm，後腿 / 17.5cm×9.5cm，尾巴 / 21cm×6.5cm，前腳 / 18.5cm×8cm，頭部 / 17.5cm×15cm，耳朵 / 12cm×8.5cm。

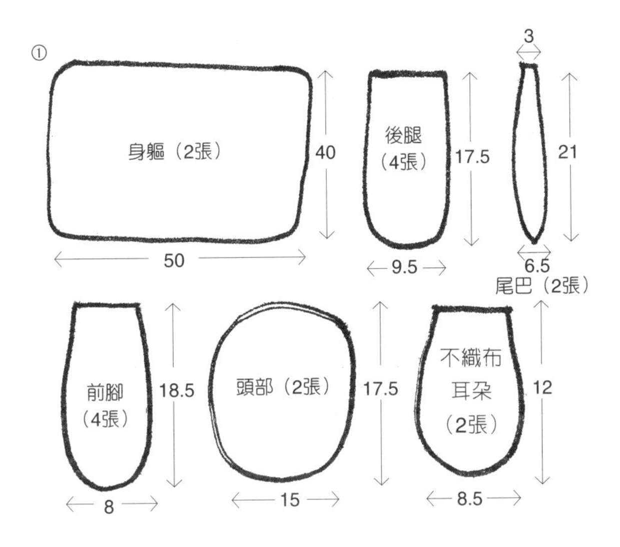

製作方法

1 依照如圖相同的大小，利用天藍色毛巾布包含縫份剪出小狗的身軀、頭部、尾巴部分各2張，前腳、後腿各4張，用褐色不織布不留縫份剪出耳朵左右各1張。

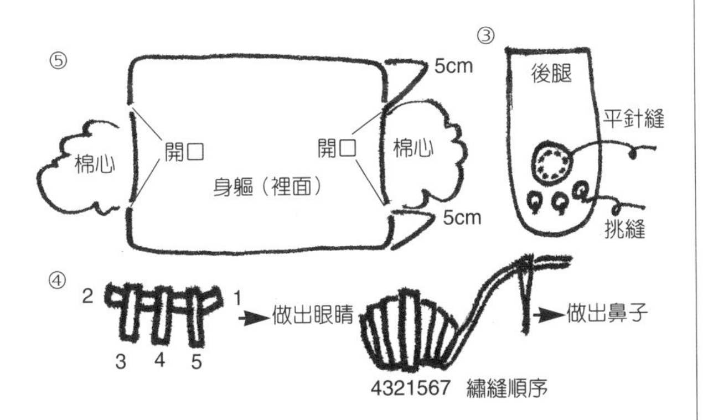

2 將剪下的各個部位表面相對疊好，如圖預留放入棉心的開口之後，沿著完成線回針縫合。
3 後腿部分，將褐色不織布剪成腳掌樣子，以挑縫固定後在毛巾布裡填入棉心。
4 頭部部分，用黑色毛線做眼睛，用褐色毛線做鼻子，在繡縫上去之後填入棉心，在前腳和尾巴部分也放入棉心做得胖胖地。
5 在小狗身軀部分填入棉心，並在開口置入頭部、前腳、後腿、尾巴部分，摺好摺邊漂亮地挑縫接合。
6 稍稍摺下用褐色不織布做的耳朵的中間部分，對在頭部的左右縫裝上去後，用格子緞帶裝飾。
7 將身軀的中間部分用線縫上一針固定，則小狗用的枕頭完成了。

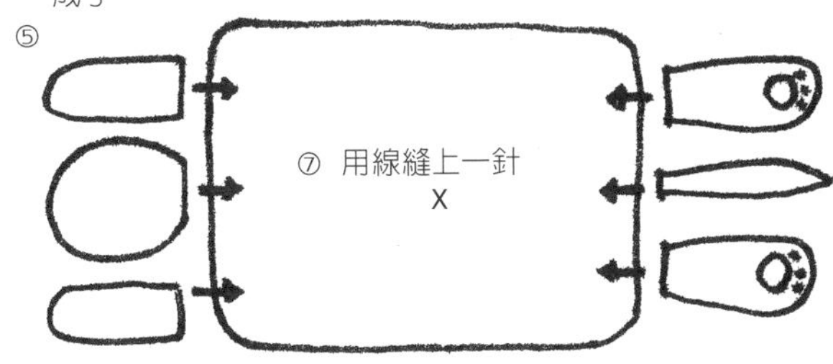

製作要點

一定要在身軀留下開口，使能置入棉心，且在最後可置入縫接前腳、後腿、尾巴。

紙箱做成的開放式小屋 ★★

準備材料：粉紅色布料1碼，再生用紙箱，細繩，接著劑，剪刀，小刀。

需要尺寸：橫53cm，直35cm，高度20cm，入口寬度16cm，入口側壁面寬度18.5cm。

製作方法

1 剪掉再生用紙箱的蓋子和入口，做成橫53cm、直35cm、高度20cm、入口寬度16cm、入口側壁面寬度18.5cm的箱子。
2 用有漂亮圖案的布料包住整個箱子，用接著劑整齊地貼上。

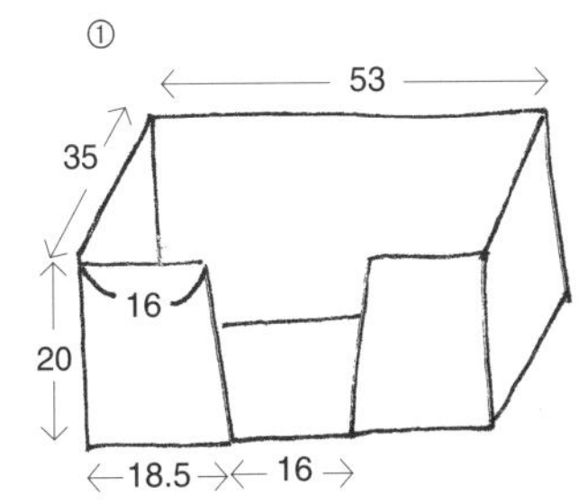

3 將三根細繩像編髮辮似地編織，在箱子的上緣部分和入口部分的周圍用接著劑黏緊。

4 在底座鋪上柔軟的布料，則又寬大又舒適的家就完成了。

製作要點

直接利用現有的紙箱也可以，同時在底座鋪上鬆軟的座墊，狗和貓會更加喜愛。

PART 7 SPECIAL ITEM

初生天使翅膀衣★★★

準備材料：奶油色蕾絲棉布 1 碼，翅膀，奶油色斜紋帶，魔鬼氈。

需要尺寸：利用附件衣型製作。

將附件衣型放大影印為SS、S、M、L、XL尺寸來應用。（不需留縫份。）

製作方法（衣型參照63頁）

② 回針　魔鬼氈 ③　（表面）

1 依所需尺寸將衣型放大影印之後，置於米黃色蕾絲布料上描出身版，然後不留縫份剪下（參照63頁衣型）。

2 不留縫份剪下身版的整個邊緣，用斜紋帶圍繞包住回針車縫。

3 將魔鬼氈剪成合適的大小，如圖在扣接部分回針縫貼上去。

4 在身版背部部分的正中央將翅膀縫貼上去，初生天使翅膀衣即完成。

製作要點

因為與其他衣服有所不同的未留縫份裁剪，所以決定扣接部分的寬度和長度，這得要正確地測量腳間的距離和粗細，使之走動不會造成不便。

魔生王冠★

準備材料：金色、藍紫色、粉紅色、綠色的粗鐵絲

需要尺寸：狗或貓的頭圍

製作方法

1 將鐵絲彎曲做成比頭圍稍小一點的王冠樣子。

2 用鉗子將鐵絲剪斷之後，彎曲剪斷部分的末端，俐落安全地收尾。

如圖將鐵絲彎曲成王冠樣子

製作要點

為使鐵絲不會不足，先將鐵絲做成王冠樣子固定之後，再用鉗子剪斷較好。

浴衣★★★

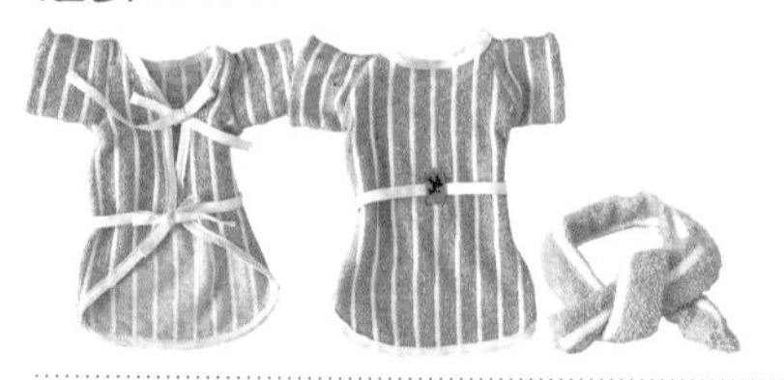

準備材料：橘色條紋圖案毛巾布，斜紋帶，裝飾標籤，剪刀，橘色或白色線，針

需要尺寸：利用附件衣型製作。

將附件衣型放大影印為SS、S、M、L、XL尺寸來應用。

製作方法（衣型參照63頁）

④ 斜紋帶　袖子裡面　回針縫　身版（裡面）

1 依所需尺寸將衣型放大影印之後，包含縫份將橘色條紋圖案毛巾布剪成身版、袖子、腰帶（參照63頁衣型）。

2 將身版的兩側肩線回針縫合之後，摺邊予以分縫處理。

3 將袖子的側線回針縫合，分縫處理摺邊，將底端摺邊向上摺起縫釘。

4 完成的袖子包覆斜紋帶回針縫在身版的袖圍。

5 將浴衣的整個邊緣用斜紋帶包圍車縫之後，用斜紋帶做成扣接飾帶縫在身版前襟，用斜紋帶包住頸圍部分回針車縫。

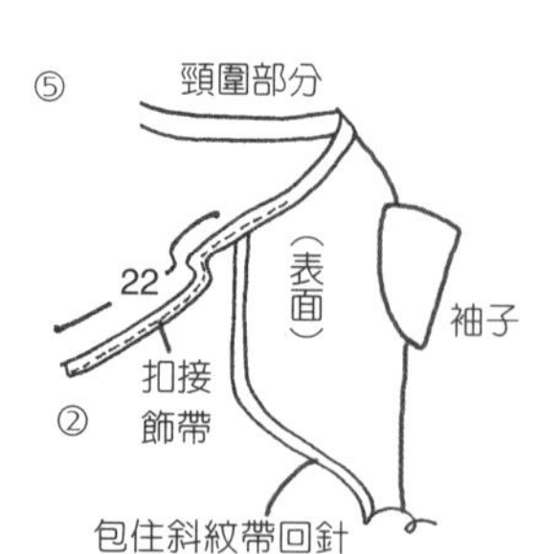

6 頭巾是將長方形的布料表面相對，並依完成線回針縫合反翻後，於表面再次回針縫好即完成。

7 腰帶是將斜紋帶剪成59.5cm長度使用，將裝飾標籤別在腰的中心，用於垂掛腰帶的扣環即可。

製作要點

胸口寬度不夠的話，穿上浴衣時胸口部分會脫開無法扣上，因此裁剪時要檢查看看扣接處是否合適，如果不夠的話要再多留餘裕來裁剪。

迷你毛巾★

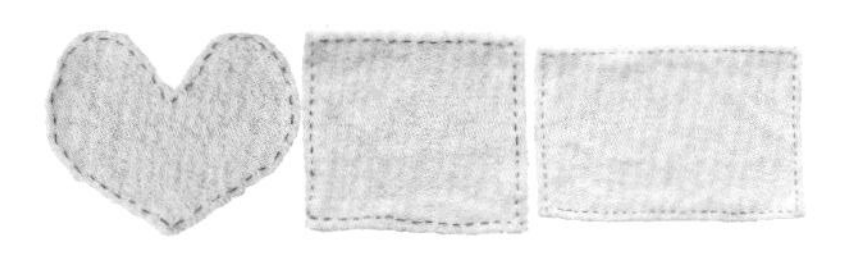

準備材料：少許毛巾布，紅色線，藍色線，剪刀，針。

需要尺寸：橫15cm×直8cm，橫10cm×直10cm。

製作方法

1 將柔軟的毛巾布各自剪成橫15cm×直8cm、橫10cm×直10cm的長方形和正方形、如希望大小的心形樣子。

2 將各個剪好的毛巾布邊緣用色線平針裝飾即完成。

製作要點

細密地平針縫上，使毛巾布邊緣的線頭不會脫開。

初生天使翅膀衣

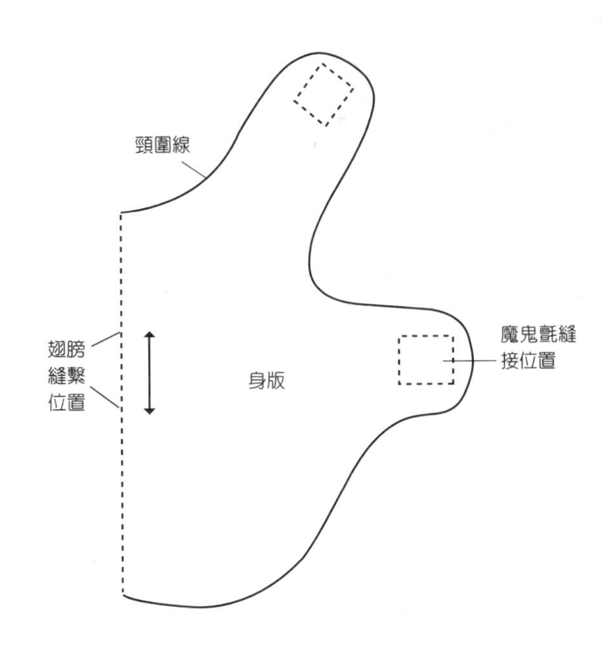

散步用迷你背包

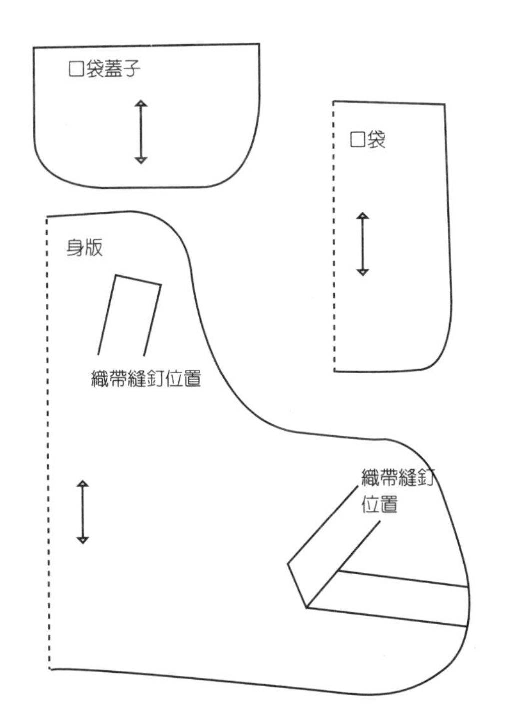

浴衣

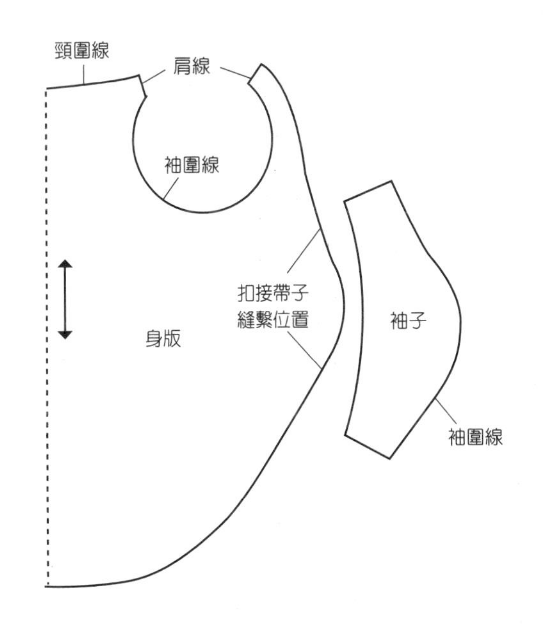

小狗模特兒

1, 2 金連正的約克夏杜比、西施犬百合
3 楊秀珍的貴賓犬小叮噹
4 愛犬咖啡跳跳屋的米格魯米露
5 車恩州的哈士奇犬螢火蟲
6 金知燕的吉娃娃金燈籠
7 李亭玉的白吉娃娃Jenny
8, 9, 10 車恩州的約克夏小靜恩、Sue、可卡犬小圓圓

貓咪模特兒

1 朴延真的家貓小真真
2 韓賢珠的暹羅貓蒸餃
3 鄭世熙的蘇格蘭摺耳貓胖嘟嘟
4 金真英的土耳其安哥拉貓小清教徒
5, 6 權慧英的波斯貓幼貓、異國短毛貓禮多多
7 宋靈兒的白波斯貓阿富和阿郎
8, 9, 10 韓賢珠的阿比西尼亞貓娜娜、暹羅貓幼貓、波斯貓Turkey-Spy

(從最上面依序排列)

漂亮寶貝在你家

寵物流行精品Diy

作　　者：金永周
譯　　者：林奕如

發 行 人：林敬彬
主　　輯：楊安瑜
責任編輯：林子尹
內文編排：周莉萍

出　　版：大都會文化　行政院新聞局北市業字第89號
發　　行：大都會文化事業有限公司
　　　　110臺北市信義區基隆路一段432號4樓之9
讀者服務專線：（02）27235216
讀者服務傳真：（02）27235220
電子郵件信箱：metro@ms21.hinet.net
郵政劃撥：14050529 大都會文化事業有限公司
出版日期：2004年8月初版第1刷
定　　價：220元
ＩＳＢＮ：986-7651-21-9
書　　號：Pets-005

Metropolitan Culture Enterprise Co., Ltd.
4F-9, Double Hero Bldg., 432, Keelung Rd., Sec. 1,
TAIPEI 110, TAIWAN
Tel:+886-2-2723-5216　Fax:+886-2-2723-5220
e-mail:metro@ms21.hinet.net

國家圖書館出版品預行編目資料

漂亮寶貝在你家：寵物流行精品DIY / 金永周作；林奕如譯
-- 初版. -- 臺北市：大都會文化, 2004〔民93〕
面；　公分. --（寵物當家；5）

ISBN 986-7651-21-9（平裝）

1. 家庭工藝

426　　　　93012554